驚人的AI需求預測

山口雄大——著　林詠純——譯

前言

需求預測創造未來

——足以左右所有商業情境未來發展的技能

為什麼鐵路時刻表會用到需求預測

大家聽過「需求預測」嗎？

這個詞顧名思義，就是「預測未來需求」的意思。

那麼「需求」（Demand）指的是什麼呢？

需求指的就是被視為必要的事物。這個概念不僅適用於物品，也適用於服務，或者也可以使用在人身上。

舉例來說，我們可以說日本的稻米需求量比海外高，或者也可以說求職者對考

TOEIC的需求很高等等。又或者也可以用在人身上，例如製造業對於熟知AI的行銷人員的需求量增加。而出乎意料的是，鐵路公司在制定列車時刻表[1]、政府在編列預算時[2]也都需要需求預測。

因此，更準確地說，需求可以想成是對於需要的程度與規模。

而能夠預測這些「需求」，會有什麼好處呢？

其實大家在日常生活中，幾乎都會不知不覺地預測需求。我想各位家裡囤積的衛生紙、水、酒等生活必需品，都超過了目前所需的量吧？購買時也想必會在心裡盤算著「之後用得到」（圖0-1），而所謂的「之後」，也不會是十年或二十年後。

換句話說，我們在購物時，總是邊衡量物品是否會腐壞或長期占據空間，**邊估算需要的數量**。這就是不折不扣的需求預測。

透過身邊的例子可以想像得到，需求預測能夠讓生活更加舒適。畢竟每次要喝水就出門去買很麻煩。只要事先囤起來，臨時有需要就能立即飲用或使用。

各位應該也不難想像，衡量價格、空間、有效期限等各種限制，準備恰到好處的數量非常重要。而需求預測就能做到這點。

圖 0-1 日常生活中的需求預測

該囤多少
孩子喜歡喝的
飲料呢？
多買一些衛生紙
以備不時之需。
冬天用的襪子
該買幾雙
才好呢？

我們總是邊考量物品擺放的空間、價格、保存期限等，邊預測需要的量。

話雖如此，我們在日常生活中幾乎不會意識到需求預測。

經營事業也一樣，製造商、提供考試或美容等服務的團體或商店等，過去也不太會意識到這點。然而對於製造商而言，預測商品需求並提前生產，是極為重要的事情；而提供服務的企業，基於需求預測來確保必要的設備也同樣不容忽視。

但對於行銷、業務及銷售員等職位的人而言，準備好商品與設備是理所當然的事情，這是他們工作的前提，因此平時很難感受到需求預測的價值。

只靠數據分析無法預測消費的時代

在變化相對緩慢的環境，譬如成熟的日本市場中，有愈來愈多需求量不會大幅改變的商品與服務。

當然，對於部分新奇的商品，或是容易受到流行趨勢影響的服務而言，預測需求並不容易。但曾有過只要大規模播放電視廣告、在零售商店舉辦促銷活動等，就會有許多消費者想要購買的時代。在這樣的環境下，只要掌握過去的數據，在某種程度上精確預測需求並不困難。

然而請各位回想一下二〇一五年之後的狀況。隨著政府積極宣傳訪日旅遊[3]，外國觀光客急遽增加，日本市場的顧客也急速地全球化。此外，一九九七年、二〇一四年、二〇一九年曾三度增加消費稅，在許多類別的商品上都能看到搶購潮，以及其反彈所導致的需求減少。接著從二〇二〇年開始，新冠疫情蔓延，市場發生了前所未有的變化。

這樣的市場變動表明，即使在成熟的日本市場，變化也已經稱不上緩慢。在這種被形容為VUCA（Volatility, Uncertainty, Complexity, Ambiguity：變動可能性、不確定性、複雜性、模糊性）的環境中，需求預測變得愈來愈困難。

在此想要問各位一個問題（案例）。請各位當成頭腦體操，稍微動動腦。

案例 0

「某家零食廠商推出了蘋果口味的冰品而熱賣，因此在隔年繼續推出柑橘口味的冰品，結果卻賣得不好，這是為什麼呢？」

關鍵字 需求的背景

在這個案例中，零食廠商進行了需求預測。由於蘋果和柑橘都是常見的水果，因此他們預測，柑橘口味的冰品也會和蘋果口味一樣熱賣。

但賣得不好也同樣可以想到很多理由。或許在蘋果口味冰品推出的時候，恰巧發現蘋果中所含的某種成分能夠預防新的傳染病，因此帶來了蘋果熱潮。如果柑橘中沒有同樣的

圖 0-2 柑橘口味的冰品也會熱銷嗎？

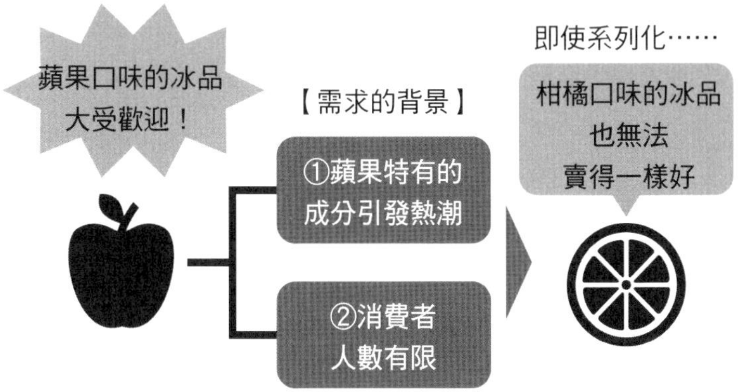
蘋果口味的冰品
大受歡迎！
【需求的背景】
①蘋果特有的
成分引發熱潮
②消費者
人數有限
即使系列化……
柑橘口味的冰品
也無法
賣得一樣好

成分，就不可能像蘋果一樣受歡迎。

此外，假設蘋果口味的冰品在孩子之間很受歡迎。雖然柑橘口味的冰品也受到關注，但吃下兩倍量的冰品可能會吃壞肚子，因此或許只會買其中一種給孩子吃。這就是「需求分散」（cannibalization：競食效果）。

由此可知，需求預測並非只要分析過去的數據即可。

即使運用高度的數學與統計學也一樣。比起分析數據，想像消費者需求背後的心理與行動，思考未來將如何發展更加重要。當市場變得VUCA，這樣的想像就更加困難。

當需求預測的準確度降低時，就會發生無法準備需要的物品，不需要的物品反而多出大量的狀況。這樣的狀況如果出現在商業場合，就會損失商機並增加不必要的成本，甚至危及企業經營。

即使是耗費成本長時間建立起來的品牌，一旦持續缺貨就會流失顧客，如果管理成本增加，就無法將資金用在促進成長的投資。就這層意義來看，可說需求預測是支撐著品牌的成長也不為過。

而且近年來，消費者的環保意識逐漸提高，企業活動也需要降低對環境的負荷[4]。在現今的時代，這點甚至會影響企業的價值。製造不必要的物品，浪費水資源並排放二氧化碳的企業已經失去競爭力。

行銷、業務與經營管理不可或缺的技術

在如此嚴苛的商業環境變化中也能看見一絲光明。

那就是技術的進步。除了消費資訊之外，現在還能夠近乎即時地（near time）取得消費者的屬性、生物辨識資訊、當時的情緒等各種數據。而能夠儲存這些大量資訊的基礎設

施也逐漸完備，甚至連能夠分析這些數據並協助人類進行決策的ＡＩ（人工智慧）工具都登場。

由於需求預測與不受規則束縛的行銷及顧客心理密切相關，如果只導入ＡＩ也無法提高準確性。但如果是熟知市場與顧客的專業人士，就能在商業中巧妙地運用ＡＩ，即使在ＶＵＣＡ環境中也有辦法創造出新的價值[5]。實際上，二〇一七年實施的海外調查[6]也顯示，ＡＩ將是二〇二五年需求預測第一名[7]重要技術。

企業的需求預測，一直以來都被視為是產品製造、原料及材料的調度，以及將其運往零售商店及消費者的物流等企業供應鏈的啟動器。因為企業也能夠根據需求預測，安排工廠人員和物流中心的貨車等。

但如果除此之外還能夠取得消費者的意見、行銷的效果與競爭對手的資訊，並透過ＡＩ等工具分析其複雜的關係，需求預測就具有從新的面向協助企業經營的可能性。

需求預測針對每一項商品分別進行。換句話說，如果能夠敏銳地（agile）反映市場變化，就能掌握市場正在變動的是哪個類別，還能以數字來量測其程度。

舉例來說，口罩的使用因為疫情關係而變得日常，口紅的市場規模也隨之縮小，但因為進行了個別商品的需求預測，所以能夠知道不易沾附於口罩的霧色口紅，或是以保溼為主的淺色護唇膏，需求量並沒有掉得太多。

除此之外，也能夠以區域、品牌、類別等為單位，預測銷售額和利益率。如果預測的結果偏離企業設定的戰略、銷售額計畫的目標等，甚至能夠在季報等業績報表出來之前，評估是否要採取一些修正軌道的行動。同時也能站在經營管理的角度考慮重新分配成本，使獲利目標更容易實現。

換句話說，需求預測不僅能夠應用在過去所認知的商品供應及「供應鏈管理」（SCM），也能應用在更貼近市場的行銷與銷售，甚至是經營管理與財務等企業核心領域的決策。

只不過，這需要一定程度以上的預測精確度與全新思維，不是只提出一個數字，而是需要擬定多套劇本，藉此避開商業風險。

需求預測傳統上需要統計學的知識與數據分析的技術。但為了在VUCA的環境下協助企業做出經營決策，引導技巧也同樣重要，必須要能參考各個利益共享者（stakeholder）的使命與限制，依此主導議論。

日後的需求預測將以掌握對數據的主導權為目標，除了主動蒐集市場和客戶相關的數據並試圖解釋其背景之外，也必須負起說明的責任，簡單明瞭地向利益共享者解釋預測的根據，取得包含經營層在內的信賴。

而需要培養出這種需求預測技能的，不是只有SCM的專業人員。

- 負責擬定商品開發案或行銷宣傳案，以提高投資報酬率為目標的行銷人員
- 掌握負責區域與對口客戶的需求，以擴大銷售額及利潤為目標的業務負責人
- 根據預估利潤分配成本，以投資最佳化為目標的經營管理人員
- 調整業務、行銷、SCM之間的平衡，帶領企業邁向成長的事業營運負責人

需求預測逐漸成為這些負責事業各領域的各職位、階級所必須具備的技能。

從13個案例來看「需求預測的價值」

本書將針對在各個商業領域中創造價值的需求預測，介紹全世界的研究知識與實務所需的思維。介紹的時候會像剛才提到的「案例0」一樣，在每個章節的開頭提出相關案例，案例共有十三個，希望讀者透過這些案例，更加具體地感受需求預測的價值。

此外，各位沒有必要從頭開始閱讀。本書的編排方式，讓各位可以根據自己在需求預測方面的知識程度、立場、面對的課題與興趣所在之處等，從適合的部分開始閱讀也沒有問題。

第1章將探討需求預測現在開始受到矚目的原因，從商業環境的不確定性、AI等技術的進步、S&OP等全新管理流程的登場等進行解說。本章還會介紹全世界所研究的，需求預測基礎知識。

第2章將基於需求預測在商業上就相當於決策這項前提，介紹認知科學和行為經濟學的知識，同時將分成三個階段：①創建AI、②使用AI、③使用AI創造（新的價值），來說明使用預測AI創造商業價值的重點。

第3章將針對在需求預測相關實務上容易遇到的問題，介紹使用世界知名的經營理論來思考解決方案的範例。商場上的需求預測並非由個人進行，因此以組織和管理等為對象的經營學知識能夠帶來幫助。

第4章將提出一個概念，那就是不能把需求預測的機能單純理解為「預測未來」，而是要作為「創造未來」的技能善加利用。舉例來說，該如何控制供需才能使事業成長、該蒐集那些資訊才能將依顧客分類的行銷最佳化等，思考這些問題時都需要需求預測的技能。

需求預測能夠改變參與者的行為。經營學的研究顯示，大家都感到合理的團體行動能夠影響環境，具有改變未來的競爭力。

二〇二一年十二月，農林水產省發起了一項特殊行動，那就是號召國民購買牛奶[8]。由於外食的需求受疫情影響而減少，乳製品的消費量也下滑，因此預測將有大量的牛奶遭到銷毀。許多消費者看到這則新聞感到可惜而採取行動，最後成功避免大量銷毀的情況[9]。這正可說是基於需求預測的風險提醒改變人們行為的結果。

即使身處在VUCA的世界，依然能夠利用需求預測的力量來創造未來！

目錄
Contents

Chapter 2

預測 AI 顛覆商場上的慣例

——人力預測的能與不能

Chapter 3

全球新知帶來需求預測的革新

——提高組織之間的協作力

Chapter 1

為什麼現在需要需求預測

——VUCA 時代必備的商業技能

1-1 SCM是什麼？

案例 1

「某家以製造零食為主的食品廠，在研究其他業界時，得知化妝品廠商引進了直接將商品寄送給消費者的商業模式。據說只買一支口紅也能運送的便利性大獲好評。自己公司是否也該引進這樣的模式呢？」

解說請看 P24～25旁線的部分

關鍵字 消費者需求、服務與成本、SCM

為什麼 Amazon 的商品隔天就會送達

需求預測原本只會在供應鏈管理（SCM）[10]或行銷的脈絡下討論，但本書將把需求預測視為一項能夠在商場上更廣泛運用的重要技能，介紹其所創造的價值以及培養這項技能所需的心態。

因此本書也將使用說明企業的組織結構、管理流程以及企業人員的活動如何影響業績的經營理論，介紹在不確定性逐漸提高的商業環境中，該如何應用需求預測。

有些讀者可能會問：「請等一下！SCM 是什麼？」

所以我們就在此先回顧一下需求預測一直以來所扮演的角色。

在製造業、零售業和服務業中，商品、店面的應對及服務內容等較引人注目，但在背後支撐這些與消費者的接觸點的，就是 SCM 這項功能。這個詞語在本書中將會多次出現，請務必記住。

SCM 的作用是適當地控制商場所需的商品流通。

消費者能夠在需要的時候購買商品或接受服務，將會成為製造商和零售業的競爭力。

請各位想像一下許多人使用的 Amazon（亞馬遜）。

Amazon 成為許多零售業的威脅，而其競爭力之一就在於 SCM。在 Amazon 的網站上輸入所需的物品，點擊幾次完成付款後，不需要特地出門，商品也能最快在隔天，最慢大約一週後送達。這是因為，Amazon 會管理關於消費者的「需求」資訊，換句話說就是他們了解消費者的慾望，並依此來發送商品。

Amazon 的商品數量龐大，通常都能找到想要的商品吧？而為了維持這樣的服務水準，Amazon 也在各地設置大型倉庫，準備數量龐大的商品庫存。而就算做到這個地步，Amazon 還是能夠創造利潤，這是因為他們能夠適當地管理保管商品的倉儲費：包括管理倉儲的人事費、將商品送到消費者手上的物流費以及網站經營費等成本和服務水準。這就是 SCM，這麼一來，各位想必就理解其重要性了吧？

思考服務水準時，運輸費非常重要。

開頭的案例就是其中一個切入點，舉例來說，將一個數百日圓的零食或泡麵直接送到每一位消費者手上，是一件沒有效率的事情。因為與商品能夠賺取的利潤相比，運輸成本太高。但如果是一條五千日圓以上的高級口紅，即使運輸費多少高了一些，也還是有很高的機會確保充分利潤。

製造商的事業與消費者之間，往往隔著批發商與零售業者，其理由之一就是單一商品或類別，很難負擔運送到每一位消費者手上的成本。製造商在思考自己公司能夠提供的服務水準時，也必須將成本結構、消費者的忠誠度以及物流基礎設施的完善程度等考慮進去。

SCM涵蓋的範圍很廣，包括商品及原料的訂購及庫存管理、保管和出入等物流管理，製造商還需要考慮工廠的生產等。透過資訊協調這許許多多的功能，盡可能在製造、運送商品時減少浪費，就是SCM的目的。

SCM在與行銷、業務（銷售）、財務、研究開發（R&D）[11]、經營戰略等並列時就被稱為作業（Operation），儘管在日本尚未普及，但海外的MBA課程中就有作業管理（Operation Manager）這門課[12]。

換句話說，SCM的重要性與經營戰略、行銷、財務等不相上下，可說是在企業的競爭力中極為重要的機能。

圖 1-1 供應鏈的示意圖

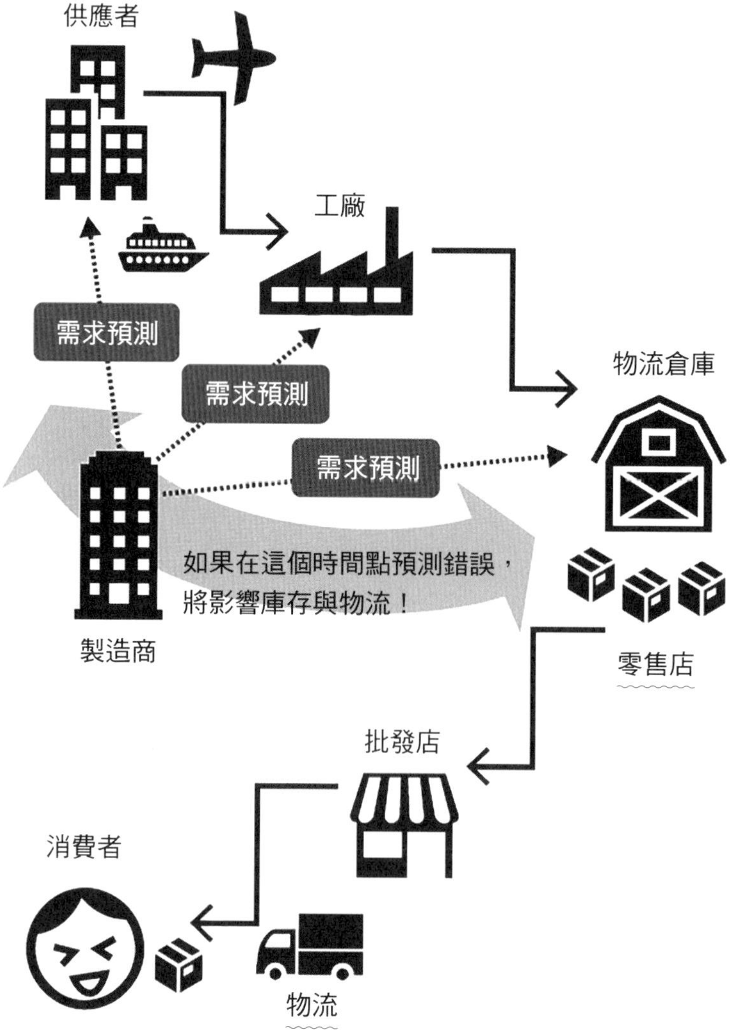
供應者
工廠
物流倉庫
需求預測
需求預測
需求預測
如果在這個時間點預測錯誤，
將影響庫存與物流！
製造商
零售店
批發店
消費者
物流

現在已經不再是製造商只要製造品質良好的商品，並在電視上播放廣告就能賣得出去的時代了；也不再是零售業者只要發放特賣傳單，並設置顯眼賣場等待顧客上門即可的時代。思考該花多少成本，以多快速度，用什麼方式送到顧客手上等的整體供應鏈設計，將開始影響競爭力。

影響供應鏈的需求預測

而需求預測就是SCM的啟動器。在零售業中，店長與員工會檢視貨架或終端設備的庫存狀況，並依此訂購商品，但他們的腦中已經有關於未來需求的考量。

舉例來說，他們不會在中元節後大量訂購防蚊噴霧或擦汗紙巾，因為他們已經開始思考適合秋季需求的賣場。

一般而言，零售業者已經將商品明天或後天就能到貨視為前提，因此他們不太會考慮太久遠以後的需求。外食服務業也是如此，平常都根據短期需求訂購食材。

但接受訂單的製造商需要製造商品，花費的時間較長，因此需要預測稍微久遠之後的需求。這段時間稱為前置時間（lead time），不同行業所需的時間長短也各不相同。

舉例來說，瓶裝飲料的變化不多，各飲料製造商通常透過瓶蓋或標籤的顏色及設計來展現差異，而調度這些材料所需的時間，通常不會長達幾個月或半年之類的。

至於化妝品的設計，各品牌之間就有很大的差異，調貨時間長達半年以上的情況也不少見。而除了這類容器設計之外，運送方法也會影響前置時間。

如果有需要從海外調度的零件，前置時間就會因此而拉長，且時間長短也會因採用的是海運還是空運而大幅改變。海運雖然曠日廢時，但特色是費用低廉。調貨的前置時間因採購的貨品而大不相同，必須根據這點預測需求。

雖然零售業或服務業的訂單，以隔天或後天到貨的商品為對象，但配送所需的貨車與人員無法在這麼短的時間內空出班表。換句話說，這個部分也需要進行需求預測。

從這些例子中可以知道，需求預測的作用是填補在供應鏈中的各個部分所發生的時間落差[13]。也就是零售業或服務業下訂與製造商生產商品、物流企業安排貨車與配送人員等所需的時間差。

如果這個平衡被打破，就會發生因來不及生產而導致斷貨、或是因貨車不足而導致配送延遲等狀況。為了防止這些情況發生，製造商或零售商可能會囤積大量庫存、物流企業可能會擁有過多的貨車等，在各個部分增加不必要的成本，降低企業的利潤。

某個部分承受過度負擔的供應鏈無法長期持續，導致商品或服務的供給遲滯，最終或許將導致衰退。換言之，儘管設計從生產到交貨的SCM創造出競爭力，一旦作為其啟動器的需求預測程度不足，就會危及事業的持續性。

我想光是這樣就足以感受到SCM與需求預測對於各行各業的重要性，但由於需求預測能夠創造更大的競爭力，因此在近年來更加受到矚目。

連結需求、供給與經營

各位聽過S&OP[14]嗎？

這是Sales and Operations Planning的縮寫，如同前述，Operation指的就是SCM，因此可以直接翻譯成「銷售計畫與SCM」。

這是在製造業尤其重要的概念，指的是以SCM協助執行將經營戰略以數字表現的銷售計畫。

乍聽之下似乎是理所當然，但實際上即使在發源地美國，仍有許多製造商無法順利運用[15]，至於日本才剛開始推廣，因此可想而知也有許多企業陷入苦戰。說老實話，我曾在主講的需求預測商業講座中詢問過一五〇家以上的企業，其中超過半數的企業根本不知道 S&OP 是什麼。

S&OP 的目標是作為經營、事業戰略的營運實行，具體流程則是隨時監測銷售計畫與供給限制的落差並預估風險，早好幾步決定避險對策並執行。

供給限制來自商品及其原料的調度、生產能力、輸配送等物流的貨車與倉庫，以及負責的人員等。

而需求預測就是連結這裡所說的銷售計畫與供給限制的共同語言，銷售計畫經常以經營戰略為出發點思考，其單位為地區或對口客戶（製造商經常往來的批發或零售企業）、品牌等，販賣品項多的企業具有不以商品為單位的傾向。

即使在期初根據商品別立案，以每月或每週為頻率更新所有商品的銷售計畫也不切實際，因此制定銷售計畫的通常是業務部門，多數企業的業務負責人所背負的銷售額目標都

圖 1-2 S&OP 的需求預測支撐經營

不是以商品為單位。

另一方面，生產商品與調度其原料的需求預測，必須以商品為單位，因此無法根據銷售計畫直接計算。在物流方面，安排出貨人員和貨車需要考慮商品的大小與重量，因此以商品為單位的資訊還是比較有用。

此外，銷售計畫在某方面來看屬於目標，不一定反映最近的市場趨勢。

換句話說，需求預測需要以商品為單位進行，而且還必須同時考量最近的市場趨勢與企業的目標（圖1-2）。由此可知，開發商品並思考宣傳的行銷人員，以及根據銷售額目標洽談生意的業務負責人、在工廠決定產量的生產計畫負責人等，必須在他們的預測以外的任務下思考，就這樣的邏輯來看，就能知道S&OP所需的需求預測有多麼困難。

我們甚至可以說，如果需求預測無法維持一定的準確度，就無法實現S&OP。附帶一提，這也是國外需求預測專家的共識[16]。換句話說，不是透過S&OP提高需求預測的精確度，而是提高需求預測的精確度能夠對S&OP產生推進力。

負責需求預測的是誰

負責需求預測的人員在海外被稱為需求規劃師，被視為和行銷人員一樣的專業職位。雖然這個職位在日本尚未廣為人知，但通常隸屬於SCM部門[17]。因為如果預測需求的人員也負責其他任務，其預測就可能受到影響[18]。

舉例來說，如果由業務負責人來預測需求，那麼因為庫存量多有助於他們達成銷售額目標，他們所擬定的生產量計畫就容易偏高。反之，如果這個數字會對自己的目標造成影響，為了更容易達成目標，或許就會說出一個較低的數字。

至於行銷人員為了讓自己開發的商品、思考的促銷活動達成史上最高水準的業績，所提出的計畫也有數字偏高的傾向。倘若生產計畫負責人的交貨率會成為KPI（Key Performance Indicator，關鍵績效指標），那麼他們所預測的需求也會偏高。

這對於各負責人的業務而言都是合理的，但要說對企業而言是否最理想，我想大家都知道並不一定。因此，許多公司會由較容易對需求做出中立預測的SCM部門來發揮此一功能。

然而，許多企業都沒有將資源投入需求預測的專業人才與組織的配置。即使配置了需求規劃師，如果只有該職位擁有預測技能，S&OP的推進力還是會變得薄弱。S&OP需要業務、行銷、SCM、工廠、經營管理、財務與幹部等各個利益共享者的加入（圖1-2②）。所有這些職位和層級的商業人士，即使無法預測需求，也必須理解其價值與思維。

為了提高企業作為組織的需求預測技能，除了準備需求預測的數據、包含AI在內的系統支援與培育人才等之外，也有資料指出，高階管理層能否保護需求預測負責人免受庫存短缺和庫存過剩等供需風險的批評相當重要[19]。

為此，包含幹部層級在內的高階管理層，尤其需要加深對需求預測的理解。

我除了化妝品與日用品的實務之外，也透過商業講座及顧問支援，與各行各業超過數百家公司針對需求預測進行討論。在這樣的過程中，我感覺到需求預測產生的價值尚未被充分認知，而在ＡＩ開始被正式應用到商業用途的情況下，其所需的知識也可以說尚未獲得充分評估。

除此之外，也存在著可以將熟知各公司事業、顧客、市場的專家所具備的知識，更加應用到需求預測的方法[20]。希望讀者可以透過本書，了解商業上的需求預測，並透過與自家事業的結合，掌握創造出全新價值的契機。

1-2 需求預測原來這麼有趣！

案例 2

「某服裝品牌的冬季家居服因為疫情而熱賣，但這個品牌在隔年推出了夏季的新款家居服卻賣得不太好。為什麼呢？」

解說請看 P39 旁線的部分

關鍵字 競爭優勢、VRIN、易模仿性

最具代表性的3種概念

接下來將介紹，如何在不確定性增加的商業環境中，提升需求預測的精準度，其中也包含必要的技能。但在此之前，必須先解釋需求預測的基本概念。

了解需求預測中包含哪些方法論、必須利用什麼樣的指標管理，就更容易思考其戰略性的應用。

SCM的全球標準知識體系，由美國名為APICS／ASCM的組織所建立。本書引用的專業術語，也來自APICS發行的詞典的對譯版。此外就我所知，Institute of Business Forecasting & Planning（IBF）這個組織蒐集並傳播了最多關於需求預測的知識，其中包含了許多耐人尋味的商業現場需求預測調查，本書也不時會引用。

話雖如此，本書所聚焦的內容並非需求預測的理論解說，這些理論儘管當成參考文獻介紹，詳細內容還是必須參閱原著，或是參閱以需求規劃師為對象撰寫的拙作[21]。

需求預測的方法論，大致可分成三種。

第一種是根據過去連續性的數據變化進行預測，稱為「時間序列模型」。這種方法認為，過去發生的事情也會影響未來，舉例來說，「我喜歡這項商品，所以會再次購買（或使用服務）」，或者「最近流行這個，我也買來試試」等，換句話說，這種方法預測的是顧客的心理與行為。反過來看，「這個月已經買了，下個月就不需要」這種對未來的需求帶來負面影響的心理與行為也同樣能夠預測。

知名的需求預測古典模型「ARIMA 模型」[22]，也可以解釋成反映上述心理與行為的模型。

第二種是根據需求原因進行預測的「因果模型」。時間序列模型中的過去數據也可視為原因，因此也可將時間序列模型想成是因果模型的一種。由此可知，需求預測的模型區分可看作是粗略的分類。

以書籍為例，需求受到作者的人氣、主題的魅力、價格、書店的配貨、書腰的訴求力、封面的設計力、出版社的品牌力、「前言」的吸引力和衝擊力、口碑等多種因素的影響。將這些因素以模型化的公式展現就是因果模型。

時間序列模型中的過去購買行為成為原因，就這層意義來看，可能更適合預測需要反覆購買的消耗品與食品等商品。至於因果模型，則適合用來預測書籍或外出服等，通常每個人只會購買一次的商品種類。當然，因果模型也能有效地應用在預測消耗品的需求，其具體的應用方法也會在本書的各個章節介紹，總而言之，想像消費者在需求背後的心理與行為，並建立預測模型非常重要。

第三種模型稱為「判斷性模型」，主要靠人為判斷。某家由明星社長率領的通信販賣企業，行銷人員與業務人員齊力合作，致力於實現社長一聲令下所決定的銷售額目標。這也屬於預測模型的一種，命名為「Jury of Executive Opinion」[23]（編注：主管意見法）。先不論名稱，像這種將由上而下的目標，或是業務負責人的業績目標視為需求預測的企業也不在少數。

當然也有更符合科學的判斷性模型，但這些模型的主觀性很高，根據也往往不夠清晰。但反過來看，其優點就是只靠少量數據也能進行預測。在資訊不確定性高的市場，這種模型所創造的價值，可能比精細的數據分析更高，也開始有人發表這樣的研究結果[24]。

難以掌握的「第二次商機」

基本上，過去數據的分析對於任何一種需求預測的模型都很重要，即使是基於人為判斷的預測，所根據的也多半是預測者過去的經驗。

然而在商業領域中，只靠數學和統計學客觀地延續過去的數據，往往得不到高度精確的預測結果。有些人一聽到學習需求預測，就期待學到 ARIMA 模型或機器學習等複雜的方程式或演算法，但實際上，這些並不是商業領域的需求預測本質。了解概念固然不錯，但更重要的是，在理解消費者心理和購買行為、企業的行銷策略和競爭對手的反應、以及經營戰略的目標與方向性等要素之後，以此為基礎解釋需求預測並善加利用。

開頭舉出了服裝品牌作為例子。疫情導致遠端工作急遽增加，家居服的需求量擴大，使得該品牌因此而幸運地推出了熱賣商品。

該品牌於是得意忘形，在下一個夏天又推出了新款家居服，但這次卻滯銷了。原因之一是，競爭對手也把握住這個機會。商場上的第二次商機往往會落到別人手上。對於大多數的服裝品牌來說，製作能夠在家穿的舒適工作服不是什麼難事。這可以用管理學家巴尼

（Jay B.Barny）的資源基礎觀點（Resource Based View）來解釋[25]。

巴尼提出了企業利用內部資源解釋其競爭力的VRIN框架。倘若企業所擁有的資源具有以下特徵，就能產生高度的競爭力：

- 具有價值（Valuable）
- 具有稀少性（Rarity）
- 不易模仿（Inimitable）
- 無可替代（No substitutable）

就開頭的案例來看，如果使用競爭品牌無法輕易模仿的技術或材料，製造出舒適的家居服，那麼就有可能在下一個夏天也製造出熱門商品。

尤其在進行新商品的需求預測時，重要的是不能只憑當下的創新性進行評估，還必須考慮是否能維持中長期的競爭力。因此反過來說，如果競爭品牌使用類似的技術或材料製造出夏天用的家居服，就會對自家的銷售額造成負面影響。

進行需求預測時，不能只就過去數據進行統計上的分析，還必須想像這些數據的背景，譬如目標消費者有什麼樣的需求、自家公司的促銷活動是否遭到競爭對手嚴重反擊、是否能夠持續提供足以與之匹敵的價值等。這就是商業領域所需要的需求預測技能。

當預測者能夠將對於需求背景的想像與過去的數據在自己腦中結合，並將其使用於預測新商品的需求時，才足以稱得上專業。我開發出一種預測模型，能夠將這種默會知識（Tacit knowledge）轉化成外顯知識（explicit knowledge），並發表於 IBF 的期刊上，關於這個模型將在第3章介紹。

預測多久以後、多長時間單位的需求？

由此可知，需求預測的方法（邏輯與演算法等）在商業上固然重要，但想像數字的背景重要性更高。換句話說，不能盲目地相信模型算出的預測值，還必須對這個預測值做出解釋並評估商業風險。

圖 1-3 預測期與預測區間的整理

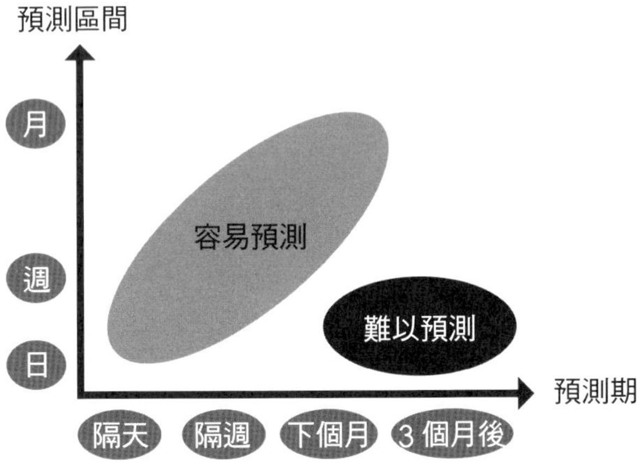

這裡所謂的商業風險，指的是缺貨導致損失銷售機會，以及庫存過剩導致成本增加。風險帶來的衝擊大小因商業模式而異，需求預測所需的精確度也會因此而改變，因此這裡將介紹需求預測有關的規則與基礎知識。

解釋需求預測的精確度及價值時，需要確認以下兩點。

第一點是預測多久以後的需求，這在專業術語中稱為「預測期」（forecast horizon）。

另一點則是預測多長時間單位的需求，譬如月單位的需求，或週單位的需求。這稱為「預測區間」（forecast bucket）。而這些取決於生產商品與調度原料需要花多少時間，以及工廠的作業管理時程等。

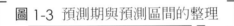

舉例來說，如果商品在海外工廠生產並以船隻運送，就需要預測四～五個月後的需求。否則來不及在顧客需要的時間點提供商品。

製造商需要生產商品，因此預測期較長，必須預測更久遠以後的需求。

至於零售店只要下訂單，多半就會在隔天或後天到貨，因此只要預測一～二天後的需求即可。

一般都知道，預測期愈短，預測的精確度就愈高。因為愈久遠的未來，愈可能發生意料之外的環境變化。而且各企業多半會配合環境變化更改行銷活動，需求也會因此而受到影響。

討論如何提高需求預測的精確度時，經常會針對精確度鑽牛角尖，但在生產與調度方面下工夫也是縮短預測期的有效方法，而這種方法卻出乎意料容易被忽略。

倘若工廠的作業是按月管理，那麼預測區間也通常以月為單位。所謂按月管理的作業，指的是可根據工廠的效率來決定一個月內的生產順序。

預測區間愈大，預測就有機會愈精確。因為隨著預測單位的期間拉長，期間內的需求波動就更容易互相抵銷。

舉例來說，如果某個禮拜有颱風來，外出的人數就會減少，那麼當地各種商品的需求量想必也都跟著減少。然而颱風過後，還是會購買必要的商品。這麼一來，颱風在一個月當中帶來的影響也會變小。因此，倘若沒有必要以週之類的短期區間為單位預測需求，那是再好不過。

但這終究是生產與採購的觀點。如果每天的輸配送也需要預測需求，其預測就必須以日為單位。然而當時間單位變成「日」時，就必須考慮比週單位更多的因素。

容易理解的因素是天氣。前面也提過，零售店的訂購以日為單位，因此參考氣象預報的需求預測法在零售店就很發達[26]。就預測期的觀點來看，預測這些零售店的需求並不難，但從預測區間的觀點來看，就會變得不容易了。需求預測的預測期和預測區間稱為「原則」（principle），是作為預測前提的重要事項。

全世界的預測水準

考慮了需求預測的原則之後，我們該以多高的精確度為目標呢？比較的水準稱為「基準」（benchmark），而許多企業都不知道該如何設定。

圖 1-4 代表性的預測精確度指標 MAPE

（個）

商品	預測	實際數據	誤差	誤差率	絕對誤差	絕對誤差率
A	1000	800	-200	-25%	200	25%
B	1500	1200	-300	-25%	300	25%
C	300	450	150	33%	150	33%
D	3000	5000	2000	40%	2000	40%
			平均：	6%		31%

因為正負抵銷而表現不出實際狀況

這個項目的預測精確度 = MAPE

圖 1-5 利用銷售額加權考慮經營衝擊

（個）（日圓）

商品	預測	實際數據	誤差	絕對誤差	絕對誤差率	單價	銷售金額	銷售構成比
A	1000	800	-200	200	25%	2000	1600000	6%
B	1500	1200	-300	300	25%	5000	6000000	22%
C	300	450	150	150	33%	10000	4500000	17%
D	3000	5000	2000	2000	40%	3000	15000000	55%
				平均：	31%			35%

這裡是改善的重點！

利用銷售額加權添加對經營的影響

這時可以參考IBF的調查[27]。IBF在二〇年發表了針對一百四十六名北美企業實務家進行調查的結果，預測一個月後需求的誤差率指標MAPE[28]平均為27%。MAPE是衡量多項商品預測準確度的基準，被廣泛使用於全世界，指的是預測與實際數據的差除以實際數據所得到的「誤差率」平均值。雖然是將多項商品的誤差率平均起來，但為了避免正負互相抵銷，採取的是絕對值的平均（圖1-4）。

MAPE可以根據企業整體、類別、品牌別、區域別、需求規劃師別等各種不同的單位進行計算，透過比較來分析必須改善的領域。因此為了更清楚地反映出嚴重影響經營的商品的預測誤差，通常會使用根據銷售額加權進行計算的weighted-MAPE（圖1-5）。

預測期愈長愈難預測，所以MAPE的數字也會愈來愈難看。以前述的調查結果為例，兩個月後的誤差率為29.6%，三個月後的誤差率為31.3%，一年後的誤差率則變成37.7%。MAPE是誤差大小的指標，因此數字愈小，精確度愈高。

除了預測期之外，解釋MAPE時還必須注意計算的預測的精細度。需求預測的精細度也稱為「粒度」（granularity），意指預測是以商品這類的最小單位進行，還是以「口紅」等整個類別的合計進行。粒度也和預測區間一樣，單位愈大準確度愈高。原因也相同，

圖 1-6 不同預測期與粒度的 MAPE 水準

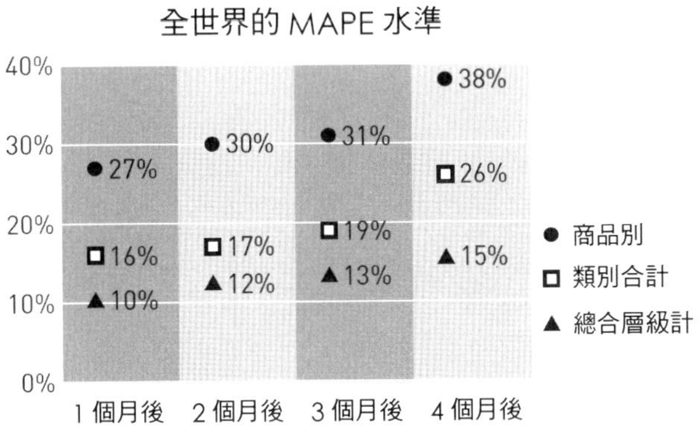

＊筆者根據 IBF 的調查結果製作

那就是內部的誤差會相互抵銷。

舉例來說，假設有一款鮮紅色口紅和一款裸色口紅。其中一款賣得比預測更好，另一款則賣得較差，兩者的誤差就會互相抵銷。

除此之外，食品有口味變化、服裝有尺寸與顏色變化等，也都存在同樣的傾向。

在前述的調查結果中也能看到同樣的現象，三個月後的預測 MAPE，以商品單位計算為 31.3 %，以類別計算為 18.9 %，以總合層級（aggregate level）計算為 13.3 %，呈現下降的趨勢（圖 1-6）。

總合層級是比類別更大的分類，可以用事業或區域這樣的規模感來理解。

除了這些之外，當然還有各種衡量需求預測精確度的指標。

譬如衡量預測值偏差的 Bias[29]、衡量誤差大小的 RMSD[30]、與單純的預測[31]進行比較並評估的 MASE[32]，將用來察知需求變動的 Bias 除以同期間的 MAD[33]所得到的追蹤訊號（tracking signal）[34]等。

本書不會聚焦在解說這些需求預測的基礎知識，如果想要學習這方面的知識，請參考其他的拙作[35]，或在各種網站上搜尋。

總而言之，各位對於需求預測的概念與在商業環境中的本質、前提及衡量用的指標等，已經有個大致的印象。接下來將針對因環境變化導致事業發生存亡危機時的恢復力，也就是盡快重振旗鼓的能力與需求預測間的關係進行整理。

1-3 疫情？地震？緊急時的預測對策

案例 3

未知病毒造成的疫情導致外出減少，使得某飲料製造商的營業用咖啡豆滯銷。該製造商雖然配合需求量的變化削減庫存，但最近疫情逐漸趨緩，是否該再度增加咖啡豆的進口量呢？

解說請看 P54 旁線的部分

關鍵字 市場不確定性、S&OP、情境分析

疫情前的預測數據無法使用？

二〇二〇年新冠病毒疫情擴大後，各個業界的企業都來找我諮詢需求預測該如何進行。

我從二〇一〇年開始從事需求預測的工作，就我來看，二〇一四年底之後的海外旅客需求急速擴大，以及新冠病毒造成的疫情，是需求預測的兩大事件。各位最好要有心理準備，像這樣堪稱前所未有的環境劇變，今後仍將繼續發生。

這次的疫情讓我深刻感受到，大環境變化時不可能立即做出需求預測，負責SCM或在經營中負責決策的商業人必須從平時就整理預測的思路，磨練預測技能。海外也以二〇二〇年的疫情為契機，開始重新檢視需求預測的作業[36]。

過去的需求預測，主要是基於一九四四年所想出的高度時間序列模型，也就是所謂的「指數平滑法」[37]進行。

上一節1-2稍微介紹過的ARIMA就屬於這種古典模型。除此之外，Holt-Winters模型[38]也很有名，我認為這些都是剛開始學習需求預測時最適合的方法。

時間序列模型以視覺化方式表現需求預測的①水準（規模）、②趨勢（水準變化的方向性）與③季節性（重複的模式）39。實際需求，也就是銷售額即為這些要素的組合，但其實並不容易一眼就得出結論。

為了預測未來的需求，最有效的方法是掌握各個要素的特徵，並解釋從過去到現在的變化與其背景。舉個簡單的例子，即使防晒油的需求總是在四月到五月間增加，原因也很有可能不是水準變化，而是季節性。我們可將時間序列模型視為一種比人為判斷更客觀地分解需求的方法。

但是，要使用時間序列模型進行高度精確的預測，需要適當地更新以下兩點：

1. 根據多少過去數據進行分析（決定初始值）
2. 最近的數據有多重要（參數設定）

使用十年前之類的陳舊數據，不僅季節性可能改變，能夠持續銷售這麼久的商品也不多。但如果數據不到一年的分量，則無法掌握其季節性。

過度重視最近的數據，就有將恰巧因訂購數量錯誤而成長的銷售額視為水準變化的風險。反之，愈重視過去的數據，對於最近的趨勢變化就有可能愈遲鈍。換句話說，初始值和參數設定的平衡很重要，而這取決於產業、商品，有時商品所處的生命週期階段也會帶來影響。

不能只是因為符合過去的實際數據就相信，如果缺乏解釋其背景與管理預測模式的技能，就會被模型所展現的數字誤導，無法在中長期內保持高精確度的預測。但如同前述，過去的數據仍是必要的，以月或週為單位的需求預測，至少需要兩年分以上的數據。

當大環境出現變化時，必須注意有可能需要大幅度地重新檢視初始值與參數。

以化妝品為例，口紅的需求因口罩的使用成為日常而減少。再加上訪日中國人的人數因邊境管制而遽減，失去春節或國慶連假等長假時的需求。於是，新冠病毒疫情發生前的過去數據不僅無法使用，甚至會反過來誤導預測。

前面介紹過，需求預測的模型除了時間序列模型之外，還有基於需求的因果關係進行預測的因果模型，以及即使數據稀少或不完整也能進行預測的判斷性模型。但建立好這些模型並熟練運用的企業卻稱不上多。

包含時間序列模型在內，從建立之初就熟練運用並維持高精確度相當困難，有必要配合業界與商業模式，重新調整需要的數據與使用方式。必須注意的是，這些都需要時間。因此了解全世界一直以來研究的各種預測模型，並從平常就開始在實務中嘗試相當有效。

情境分析是處理不確定性的對策

市場的不確定性因外資企業的進入與供應鏈的全球化而不斷增加。我們也不知道商業環境什麼時候會因為病毒或自然災害而急遽變化。

1-1 也提過的 S&OP，在這樣的情況下愈來愈受到矚目。旗下擁有愈多品牌與商品的大型組織，愈難做出跨部門的決策。因為各品牌或商品的管轄組織不同，容易在企業內部發生衝突。

而 S&OP 的其中一項特徵，就是決策由幹部層級（CxO）[40]進行，因此能夠做出橫跨事業群、區域或品牌的重大決策。

需求預測是推動 S&OP 的基礎。在商業環境的不確定性逐漸增加的情況下，傳統

圖 1-7 需求預測的情境分析示意圖

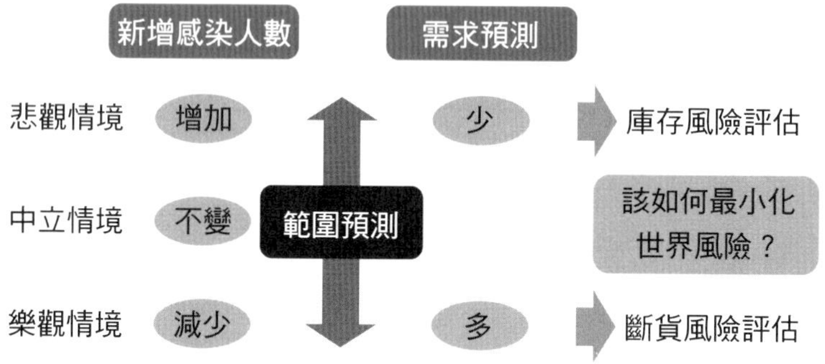

那種光靠一個數字就能影響供應鏈的模式已經達到極限[41]。因此「情境分析」就變得更加重要。

以案例中的情況為例，任何專門機構或大型企業都無法針對疫情是會早日平息，還是會反覆擴大做出高精確度的預測。因此假設多種情境，事先透過供應鏈管理避開風險就成為有效的方法。

如果疫情平息，許多商品與服務的需求都會恢復，到時如果沒有準備好商品與設備，就會損失銷售機會。反之，如果疫情反覆擴大，卻準備了大量商品，就會導致商品遭到銷毀的風險增加。利用數字對這些因素進行評估，就能決定在各個情境之下該如何調整供應鏈的平衡。

但這需要能夠預測每個情境的需求，稱為範圍預測（Range Forecasting），透過因果模型的設計，或是同時使用多個預測模型進行。

因果模型基於需求的原因進行預測，因此具有輸入不同原因就能模擬出需求的優點。就前面的案例來看，原因就包含了新增感染人數等。

除了因果模型之外，也能夠同時參考使用人為判斷的德菲法（Delphi Method）[42]或AI等其他方法的模型，以有效擴大需求預測的範圍。

當我在推出不確定性高的新商品時，也會使用三種不同方法的需求預測模型，進行範圍預測。

為了敏捷地更新預測而活用AI

不過，即使能夠進行範圍預測，還是可能發生意料之外的需求變動。因此隨時監測市場變化，持續針對預測進行修正也很重要。

圖 1-8 利用需求預測強化恢復力

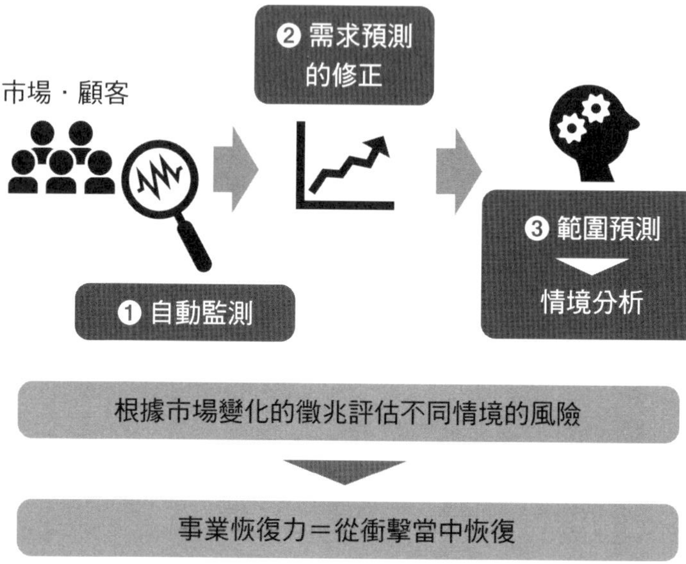

我稱之為「敏捷預測」。近年來常聽到「敏捷」（Agile）一詞，這個詞在英語當中是迅速、機敏的意思。對於擁有數千種以上商品的多數企業而言，持續憑藉人力監測POS資料與社群媒體評論等不切實際。雖然這些數據經常能夠展現需求變化的徵兆，但每天都有大量的數據產生。

盡早透過這些數據來察覺需求的變化並更新預測，就能減少銷售機會的損失和不必要的生產。

IT的支援能夠有效幫助每天監測大量數據，而為了進行進一步的分析，也必須考慮使用AI（圖1-8①）。

但即使引進AI，也不保證能夠立即為需求預測帶來價值，管理AI的學習資料、解釋預測的結果，以及學習的回饋循環等，都必須透過人力主導[43]（圖1-8②）。

商業環境中的AI學習，很難像圍棋或西洋棋那樣，準備數以百萬計符合特定規則的數據。規則會改變，而且必須透過數量有限的學習提高精確度。因此學習的數據必須由該商業領域的專家在一定程度上嚴格篩選。

舉例來說，在行銷領域總是不斷地有新的想法，譬如使用直播進行促銷[44]等，因此學習資料必須隨時更新，才能維持AI預測的準確性。

接下來若想利用AI創造商業價值，光靠精通演算法的資訊科學家是不夠的，還必須依靠有能力的商業人才，掌握該商業領域的專業知識，適當地設定該商業領域必須解決的課題，將AI的預測結果以良好的溝通能力傳達給各利害關係人，協助其進行決策[45]。關於這些將在第2章詳細介紹。

提高供應鏈恢復力的需求預測

環境發生重大變化時，臨時抱佛腳的需求預測通常效果不佳。平時除了時間序列模型之外，也必須設計因果模型和判斷性模型等，並且能夠透過範圍預測進行情境分析（圖 1-8 ③）。

除此之外，藉由 IT 的支援隨時監測市場變化，建立能夠敏捷地更新需求預測的作業也很有效。

做到這些並不容易，需要專業的知識與技能，因此企業必須考慮培育具備需求預測技能的人才。

日本尚未像海外那樣認知到需求預測的重要性，相關研究知識也極度缺乏。因此首先可以從企業做起，由企業提供機會，幫助人才學習各種預測模型、預測精確度的衡量指標、S&OP 及其他作業管理的基本知識。

在高度不確定的環境下，不能期望總是做出高度精確的預測。儘管在社群媒體上掀起話題可能會大幅提高需求，但即使是AI也很難預測。自然災害和疫情也是如此。因此，如何盡早察覺這些外部環境變化，並敏捷地採取對策，就變得非常重要。

就如同傳統製造業以精實（Lean）形容的，沒有任何多餘步驟的效率化作業一直以來都被視為理想狀態。然而大環境變化對事業的持續性帶來危機感，在這種情況下，從衝擊中重振旗鼓的恢復力（Resiliency）逐漸受到矚目[47]。

在SCM當中，庫存是提高恢復力的手段之一。然而一味地增加庫存，將增加不必要的管理成本。因此比起庫存，還不如思考該如何透過迅速處理事業危機的敏捷性來強化恢復力。

敏捷地更新大範圍的需求預測，是透過S&OP提高供應鏈的恢復力，給予經營強力支援的全新發想。

第1章重點

- 需求預測的功能，除了傳統以來所理解的庫存管理與SCM之外，日後也肩負著協助行銷與經營管理更加進化的任務，藉此創造出競爭力。
- 除了專業的需求規劃師之外，業務、行銷、經營管理、財務等各個職種、階級的商業人士都能夠藉由學習需求預測的知識和技能，精進各自的業務。
- 海外已有許多需求預測的相關研究，並發表許多見解。
- 在不確定的環境中，我們不應過度信賴單一數字，透過具備一定彈性的範圍預測進行情境分析效果更好。
- 敏捷的需求預測可提高供應鏈的恢復力，確立競爭優勢。

Chapter 2

預測 AI
顛覆商場上的慣例

——人力預測的能與不能

2-1 決策占了商業需求預測的9成

案例 4

「某化妝品製造商正在開發秋季彩妝新色。他們根據春季進行的消費者調查做出生產決策，卻同時出現缺貨與庫存過多的狀況，這是為什麼呢？」

解說請看P64、P65旁線的部分

關鍵字 認知偏誤、雙重思考歷程、決策

春天只有反應春天心情的商品才會暢銷

我想許多人都聽過「人的理性是有限的」。這個概念被稱為「有限理性」（Bounded Rationality[48]），由學者赫伯．賽門（Herbert A. Simon）於一九九五年提出。

有限理性並不意味著「人是不理性的」，而是指「人的記憶和訊息處理能力有限，因此理性也有其極限」。

這個概念對於以人的理性為前提的經濟學提出質疑，引起了廣泛的討論，後來阿莫斯．特莫斯基（Amos Tversky）與丹尼爾．康納曼（Daniel Kahneman）發表了支持決策偏誤的研究成果[49]，開創了行為經濟學這項新的研究領域。

舉例來說，人的選擇除了選項內容之外，也會因選項的呈現方式而改變，而此一現象在日常生活與商業情境中隨處可見。康納曼才剛在二〇〇二年獲頒諾貝爾獎，想必也有許多人對此記憶猶新。

後來也逐漸發現，人的決策除了有限理性之外，也會受到時間限制、情緒、當時的氣氛（社會氛圍）影響。

再回到開頭案例，這個問題的其中一個答案就是，彩妝的暢銷色因季節而異，春季的調查結果反映的是春季的心情。

以我長年負責的眼影產品為例，春季較暢銷的通常是粉色系或橙色系。當季雜誌介紹的顏色、各個品牌推出的顏色等當然會帶來影響，而當紅明星或藝人配合季節印象的妝容，想必也是影響因素之一。

秋季或許也是為了配合服裝的色調，棕色、米色和紫色系的需求逐漸增加。當然，實際情況比這更加複雜，還受到當時的流行趨勢、特定品牌的主打色等因素影響，但就我的感覺來看，季節確實會影響色彩的需求。

預測是「用腦的活動」

由於消費者調查的受訪人數有限，調查結果強烈反應出回答者的喜好，這也是預測彩妝需求的困難之處。我想服飾業的色彩選擇、食品業的口味選擇也有類似的狀況。這樣的偏誤就被稱為「偏誤」（bias）。

而且這些調查除了回答者原本的喜好之外，也會受到當時的心情影響。

舉例來說，如果當天穿的衣服碰巧被稱讚很適合自己，那麼搭配衣服顏色的妝容或許就會被給予較高的評價。調查的日子只要差了一天，結果就很有可能改變。這樣的誤差則被稱為「雜訊」（noise[50]）。

有鑑於這些偏誤與雜訊會影響人的決策與判斷，消費者調查的結果就有解釋的必要。

與之相關的學問還有研究人類認知過程（即所謂「用腦的活動」）的認知科學，其研究對象除了決策之外，還包括推理、靈感等，而實務經驗讓我開始意識到，預測也該是認知科學的研究對象之一[51]。

因為商業上的需求預測，最後都會變成決策。

上一章也提到，統計學與AI終究只能分析過去的特徵與模式，無法考量未來新的要素。

實際上，擁有完善的需求預測作業機制的企業，都會先使用AI與預測系統基於數據分析進行預測[52]，接著由行銷、業務、SCM、財務等各方面的利益共享者針對目標、未來的要素形成共識，做出與生產有關的需求預測[53]（P 33 圖 1-2）。

雖然每個過程所需的技能不同，然而與生產有關就代表企業必須投資，這時就需要進行決策。即使 A I 能夠提供高度精確的預測，決定是否該直接使用其數字的終究還是人。

既然需求預測屬於決策，就有可能受到有限理性的影響。來自個人經驗與知識的思考偏誤、預測前的體驗及當下的心情所產生的想法波動，都有可能妨礙決策的正確性。

除此之外，決策時也存在著無可預測的未來不確定性，稱為「客觀的無知[54]」。就開頭的案例來說，假設到了秋天，這個品牌的客群中受歡迎的藝人在 Twitter 上提到了特定顏色，使得其需求暴增，就是無法預測的事情。了解人在進行決策時的這些極限與特徵，或許就能預防不必要的錯誤。

接下來將介紹有關人在進行決策時的行為的研究成果，同時考察需求預測在實務中的案例，並提供方法避開人類思考習慣所導致的陷阱。

「今年銷售一空」，明年的需求會增加嗎？

我之所以會認為需求預測也是一種認知過程，是因為防晒商品需求預測負責人的一句話。

某年夏天，日本數一數二的防晒品牌推出了熱銷商品，甚至出現缺貨的狀況。防晒商品在日本市場的需求高峰，通常出現在紫外線增強的黃金週，以及梅雨季過後的暑假。

左右防晒商品需求的因素眾說紛紜，一般認為氣溫、日照時間、梅雨長短、晴天日數等都會帶來影響。根據我過去統計分析的結果，影響整個商品類別需求的是氣溫之類的宏觀因素，影響特定品牌需求的則是促銷活動的成功與否等微觀因素。

整體防晒商品市場的需求，雖然受到氣溫與天氣等外在環境因素的影響，但這當中也存在著製造商、品牌間的激烈競爭，因此新商品推出、新品牌加入、促銷活動的影響力等細微因素也會大幅改變需求。

基本上，天氣愈好愈熱的夏天，人們愈容易前往海灘等休閒景點，因此防晒商品的需求量也有較高的傾向。某個夏天的梅雨季較短，天氣酷熱，再加上殘暑嚴重，對於防晒品牌來說是絕佳條件。

圖 2-1 影響防晒油需求的要素

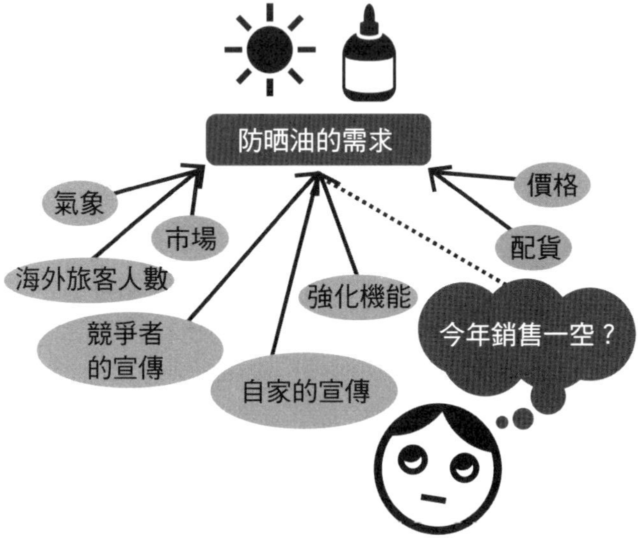

然而銷售紀錄卻大幅超過預測的需求，導致在需求高峰的暑假期間發生了缺貨的情況。如果缺貨發生在冬天淡季時就算了，但在需求旺季的銷售規模大，缺貨造成的機會損失自然規模也大。

結果負責需求預測的部門忙於回應其他各部門的詢問與緊急處置；他們當然盡量增加產量，安排迅速的出貨等，用盡所有的辦法。但除了需求預測負責人之外，SCM與業務部門都趕著回應這樣的異常狀況，不少人都疲憊不堪。

而接下來才是重頭戲。防晒商品

的需求預測負責人基於這次的經驗，在預測下一季時自言自語地說「今年缺貨情況嚴重，明年的需求就估得高一點吧！」我聽到時覺得奇怪，今年銷售一空會影響明年的需求嗎？（圖2-1）

透過認知科學考察預測錯誤

這時我想到了特莫斯基與康納曼提出的展望理論（Prospect Theory[55]）。展望理論是一種說明人在狀況不明確時如何進行決策的理論，具有以下三種耐人尋味的特徵。

1. 在獲得利益與蒙受損失的情境下，效用（幸福感或失望感）的變化是不對稱的（舉例來說，即使金額相同，對於損失的感受也會比獲利更深刻）。
2. 存在作為判斷基準的參考點（Reference Point），而這個參考點會因狀況而改變。
3. 利益或損失的程度越大，效用的變化越小（遞減性）。

對展望理論的詳情感興趣的讀者，請參考原著或行為經濟學的書籍。我之所以會提到展望理論，是因為我認為這個理論能夠解釋前述缺貨對防晒商品的需求預測所造成的影響。

至於第二個特徵中的參考點移動，可以想像一下「隨手購買」的行為，或是與客戶應酬時所喝的酒和朋友聚會時所喝的酒滋味不同等例子，這麼一來應該就能很容易地理解。就算金額相同、物品相同、數量相同，給人的感受依然不同，這是因為接收方的狀況也不同。人在進行判斷時，根據的並不是「始終不變的基準」，而是「視情況改變的基準」，這個概念是說明展望理論時的一項重點。基準點就是參考點，而這個點會移動。

我認為當產品缺貨時，需求預測負責人的參考點或許就會移動，使他們開始考慮將需求數目預測得較高。

需求預測中的參考點移動不僅會在產品缺貨時出現，庫存過剩時也會發生。後者則有將需求數目預測得較低的傾向。像這種缺貨與庫存過剩對需求預測帶來的心理影響，除了參考點移動之外，也具備展望理論的其他特徵，譬如非對稱性與遞減性。

缺貨問題比庫存過剩更急迫，因此許多商業人士都下意識地認為防止缺貨更重要。這就是非對稱性。此外，也不是缺貨量兩倍感受到的罪惡感就是兩倍，發生缺貨時首先就會感受到強烈的罪惡感，這就是第三個特徵遞減性。

需求預測的參考點因缺貨或庫存過剩而移動，就察覺商業風險的角度來看不一定是壞事，但進行需求預測時必須認知到這點。

消費者與顧客也不樂見主力商品每到旺季就缺貨。同樣地，各式各樣的商品堆積在倉庫裡，有時也會導致虧損。這樣的危機感本身是正確的，但必須與需求預測分開來看[56]。需求預測的負責人有必要意識到這樣的認知陷阱，並且謹慎地「冷靜思考」。

這稱為「Cold Cognition」，是一種將認知科學的知識應用於現實世界決策的思考法。「Cold Cognition」思考法的背後是「雙重歷程理論」（Dual Process Theory[57]），該理論指出人類的思考歷程有兩種類型。而這兩種類型是哪兩種，因提出的研究者而異[58]，但大致上可分為「直覺迅速的歷程」和「分析深思的歷程」。

兩種思考歷程各有優缺點。前者也被稱為啟發式思考（Heuristics）等[59]，這種思考雖然速度快且思考負擔較輕，但某方面來說屬於直覺反射，因此發生錯誤與疏漏的機率也相對較高。

至於後者則屬於分析式思考，雖然較花時間，但也具備冷靜進行判斷與決策的可能性較高的優點。

圖 2-2 誤導需求預測的認知偏誤

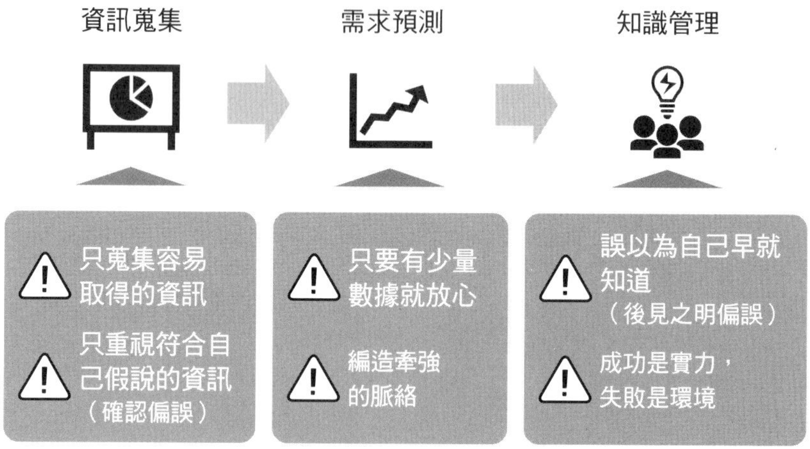
資訊蒐集
需求預測
知識管理
只蒐集容易取得的資訊
只重視符合自己假說的資訊（確認偏誤）
只要有少量數據就放心
編造牽強的脈絡
誤以為自己早就知道（後見之明偏誤）
成功是實力，失敗是環境

啟發式思考是相對於窮盡搜尋的概念，只要提防認知偏誤（也被稱為思考習慣），就經常能夠在重視速度感的商業場合中發揮作用，這點也是事實。

代表性偏誤包括「確認偏誤」（confirmation bias）——只重視支持自己相信的說法的證據，以及「後見之明偏誤」（hindsight bias）——結果出來之後誤以為自己早就知道等；注意到這些偏誤就可說是「Cold Cognition」（圖2-2）。

這不代表所有事情都必須使用分析式思考。

商業現場的需求預測除了精確度之外，經常更重視速度。這就是前面介紹過的敏捷性。當然，基於一定分析的根據是必要的，也需要一定程度的精確性，但在高度不確定的環境下，預測的速度尤其重要，啟發式思考在這方面就能發揮作用。

防止預測認知偏誤的思考法

具體來說，該如何實行「Cold Cognition」呢？

僅只於掌握並留意認知偏誤是不夠的。因為認知偏誤的特性就是即使知道偏誤存在，依然會忍不住會犯下這樣的偏誤。

因此我建議使用「STeM架構」。「stem」是樹幹的意思，含有不受認知偏誤干擾，擁有自已穩固的思考主軸（樹幹）的意義。

STeM是以下三個關鍵詞的字首：

①Statistics：統計學

②Team：團隊

③Model：思考架構

第①個「Statistics」是「統計學」，這是客觀掌握數據的工具。

公司內外擁有豐富的需求預測相關數據，如何有效地運用這些數據將會影響業績。

這裡所說的有效運用指的是數據分析，能夠從龐大的數據中找出有意義的啟示。法政大學的豐田裕貴教授認為，數據分析有四種目的，分別是：

1. 簡化
2. 梳理出關係性
3. 樣本分類
4. 變數的歸納（將對結果有類似影響的變數整理在一起）

這些目的可利用統計學的方法客觀實行，並具有說服力。客觀性意味著不受認知偏誤的影響，也是「Cold Cognition」的一種有效手段。

第二個關鍵詞是「Team」。

認知偏誤受個人的經驗以及由經驗培養出的價值觀等影響，因此聽取多人的意見可以增加客觀性。

在需求預測中，團隊在進行知識管理時尤其重要。我認為，對於那些使用統計學及AI進行需求預測的企業來說，雖然這些工具能夠做到一定程度的預測，但想要提高精確度就只能透過知識管理。

知識管理是指基於數據分析的知識創造、累積和促進活用。其成敗取決於如何從過去的定量與定性數據中產生有意義的解釋。這點只靠統計學是不夠的，還需要該領域的商業知識。這時認知偏誤可能會對數據解釋造成不良影響，為了防止這樣的情形發生，由該商業領域的多名專家，也就是團隊進行討論就是有效的方法。

最後一個關鍵詞是「Model」，而「Model」就是思考架構。在需求預測中指的就是預測模型，在模型中將影響需求的要素及其影響程度整理出來。

有了預測模型，就可以避免確認偏誤，也就是只重視支持自己相信的假說的證據。因為根據預測模型進行需求預測時，必須針對所有要素進行通盤考量，很難忽略特定要素。

擁有模型還能根據模型累積知識，具有對知識進行體系化管理的優點。預測需求時，根據STeM架構建立作業體系，就能避免認知偏誤，並提高預測的精確度。

日後或許也能將AI加入模型當中，使模型更加擴充。

AI是一種演算法，所以各位或許會以為AI不可能發生這裡介紹的認知偏誤。若真是如此，AI就比STeM架構更加強大。

但研究指出，AI的預測也和人為預測一樣，有出現認知偏誤的疑慮。各位可能看過關於Microsoft AI機器人Tay發表歧視性言論的新聞[60]。這表明如果AI學習的數據存在著偏誤，則其產出的結果也將帶有偏誤。

需求預測AI也存在類似問題，學習資料的好壞將決定AI開發的成敗。因此接下來將介紹，開發高精確度的預測AI時有哪些重點。

2-2 開發預測AI

案例 5

「某消費品製造商正在考慮引進需求預測ＡＩ，並為此投入不少費用雇用數據科學家。原先的需求預測本來由人力進行，基於資源最佳化的考量，是否該將之前負責需求預測的人才調到其他部門呢？」

解說請看 P85 旁線的部分

關鍵字 默會知識與形式知識、組織學習、協作

AI的優勢

AI這個詞開始普遍出現於媒體上。但AI本身從以前就已經存在，在我還是大學生的二〇〇〇年左右，我就聽過這個概念。我認為AI是能夠代替人類從事預測與推理等知識性活動的電腦程式。

AI為了代替人類從事知識性活動，必須從數據中「學習」，這稱為機器學習。人們在過去必須教導AI正確答案，但蒐集數量充足的學習資料，並交給AI處理卻成為瓶頸。然而隨著以下的進展：

- 感測技術與數據基礎設施的進步，使得人數據的取得變得更加容易
- 個人電腦的資訊處理能力提升
- 開發不需要人工定義正確答案的深度學習

AI開始能夠透過大量數據自主學習。

舉例來說，人類要定義貓是一種什麼樣的生物並不容易（有鬍鬚及尾巴、毛茸茸

的……），但只要讓AI讀取以百萬張為單位的照片，AI就能夠相當精確地辨識出貓咪。附帶一提，就如同從sensor可以聯想到的，AI技術中sensing指的是數據感測。

就我所知，AI的優勢在於學習時能夠：

- 處理人類難以應付的大量資訊（處理量）
- 高速（速度）
- 正確（精確度）
- 不厭倦（持續性）

那麼相較於AI，人類有哪些優勢呢？而在AI實用化時代，商業人士又該擔任什麼樣的角色呢？

接下來將以需求預測AI為具體案例，依序介紹①開發高精確度AI的重點，②在實務中應用預測AI的注意事項，③預測AI創造新價值的案例。

預測AI可以創造價值的領域

運用需求預測AI應該以新產品為目標。

根據我的感覺，現有的商品存在著過去的數據，因此應用統計學的時間序列模型就足以預測其需求。這是基於預測精確度的事實依據。

當然，前所未有的大型行銷活動、社群媒體的話題傳播、疫情之類的劇烈環境變化無法預測，之後的需求預測很難只靠時間序列模型也是事實。但許多商品的短期需求預測，只要能夠確實管理統計學的需求模型，就有機會達到足夠的精確度。畢竟AI也很難應付這些突如其來且前所未有的環境變化與策略，時間序列模型的精確度極有可能遠勝於AI。

至於沒有過去數據的新商品，各個業界都以因果模型處理。他們整理出哪些要素影響需求，並參考擁有類似要素的基準商品的銷售實績，這種方法具有預測精確度較高的傾向[61]。

然而整理出需求的因果關係，需要擁有該商業領域的深入知識。至少也必須具備足以理解多元迴歸分析的統計學知識。因此根據我的印象，在很多行業中，建立自己公司因果模型的企業仍然不多。

此外就如同第1章的介紹，除了時間序列模型與因果模型之外還有判斷性模型。譬如應用德菲法或AHP的模型[62]，以及預測市場[63]等，這些都是嚴謹的方法，在某些商品上的預測精確度甚至有可能超越因果模型，然而就花費與技術需求的觀點來看，能夠運用這種預測模型的企業非常之少。廣泛使用的判斷性模型不是由上而下的數字目標，就是將業務負責人報告的數字往上疊加的思考邏輯，這些方法往往具有主觀性高、精確度低的問題。

從這些企業的實際狀況來看，新商品的需求預測，尤其在發售之前仍有很大的改善空間[64]。

即使是AI，在學習資料的選擇與創建，也必須參考背後的因果關係。不過，只要能夠準備一定數量的數據，可能並不需要像統計模型那樣，把因果關係整理得那麼完備[65]。

不斷地有人指出，AI預測存在有根據不明確的缺點，但隨著新的演算法逐漸開發出來，透明度也愈來愈高[66]。我想，日後AI有可能會發現人類尚未察覺的需求法則。

綜合以上所述，我認為如果想要引進需求預測AI，建議優先考慮用在新商品上，

【圖 2-3 各種預測模型的優勢比較】

模型	優勢	留意點
時間序列模型	✓ 安裝於許多套件中 ✓ 如果環境不改變就擁有相當高的精確度	✓ 需要管理初始值與變數的技術
因果模型	✓ 根據容易看見 ✓ 能夠根據情境進行模擬	✓ 因果關係複雜時，必須留意多重共線性與偽裝的相關性
判斷性模型	✓ 資訊量少也能迅速反應	✓ 精確度仰賴預測者的知識、經驗及技術
AI（機械學習模型）	✓ 能夠處理大量數據 ✓ 容易處理複雜的因果關係	✓ 注意學習資料的偏誤 ✓ 如果不設計學習反饋及迴圈，精確度就會下降

模型	適合的商品
時間序列模型	✓ 推出 2 年以上 ✓ 不會成為大規模宣傳的對象 ✓ 不容易發生大環境變化的類別 ✓ 改版的新商品
因果模型	✓ 受到少數重要因素影響 ✓ 因果關係從以前到現在都沒有大幅改變 ✓ 有許多同樣因果關係的數據 ✓ 能夠設想多套情境
判斷性模型	✓ 進軍新市場 ✓ 市場也具備新的價值 ✓ 實施新的宣傳 ✓ 無法充分蒐集預測所需的數據
AI（機械學習模型）	✓ 因果關係複雜 ✓ 具有處理不完的大量數據 ✓ 各種因果關係能夠以數據表現

尤其是在發售之前。不過，以AI取代現有的預測模型沒有意義，最好兩者併用。

關於預測根據的說明力，統計模型較占優勢。此外，如果擁有許多要素類似的基準商品的銷售實績，譬如商品在改版前的銷售狀況，時間序列模型或因果模型就有機會達到極高的精確度。

採取先進需求預測的全球性企業，使用的是三角測量式概念（Triangulation[67]），以多種預測模型評估各預測值的合理性，考慮如何透過SCM與庫存計畫進行風險管理。我認為AI在這方面可以得到有效的應用。

成功實現商品訂購自動化的食品超市

我從二〇一七年開始參與需求預測AI的開發，原本以為只要讓AI學習來自公司內外的大量數據，就能提高AI的預測精確度。

但這個方法卻行不通。因為一家企業的新商品相關數據頂多只有數百個樣本，不足以作為AI的學習資料。離開實驗室來到現實的商業環境後，經常出現像這樣的數據量限制，這時候「學習資料的管理」就變得相當重要。

評估不同商品的ＡＩ預測結果，就會發現有的精確度高，有的精確度低。由此推測在需求的因果關係方面缺乏某些資訊。想要有效解決這個問題就不能只是蒐集分散公司內部各處的數據，如果有必要也必須感測或創造新的數據。

舉例來說，如果缺乏關於顏色的資訊，就去研究室尋找。為了表現外國旅客的喜好，分析過去受歡迎的商品特徵，並設計指數也能順利發揮作用。公司內部的ＢＩ（編注：Business Intellgence，商業智慧）沒有需求預測觀點的數據，因此需要由該領域的商業專家創造數據以表現需求的因果關係，我稱之為「假設驅動的數據管理」。

我們透過這樣的學習資料管理方法，在二〇二〇年開發出多種預測精確度超越傳統手法的ＡＩ[68]，並在《物流大獎２０２１》中獲得了《ＡＩ需求管理獎[69]》，在日本被認為是先進的成功案例[70]。

像這樣創造ＡＩ的學習資料，在其他行業似乎也變得同樣重要。在分店遍及全日本的食品超市集團 LIFE Corporation，在全國分店引進需求預測ＡＩ的自動化訂購[71]。他們從需求預測的角度，整合以箱為單位訂購和散裝訂購的商品編碼、考量早晨與傍晚等不同時段的需求特性，充分運用只有零售現場的專家才能想到的智慧。

這樣的數據建立工作花費了將近一年半的時間，這點也與我的案例類似。而這種ＡＩ的預測精確度，也達到傳統主觀預測的訂購負責人同樣的程度，正如之前所說，已經有許多企業在現有商品的需求預測方面達到這樣的水準。

累積符合商業課題的數據

如同前述，人類在數據分析的速度與準確性方面比不上ＡＩ。但人類擁有靈活的發想力，唯有人類才能蒐集並創造有效的學習資料[72]，因此ＡＩ與商業人士協作時的重點就在這裡。人類的其中一項優勢就在於，即使數據模糊或不完整，依然能夠根據這樣的資訊進行預測。

但前面已經介紹過，這樣的預測含有偏誤及雜訊，導致預測精確度降低。需求預測必須考量的要素由人類設定，至於要素的比重或許可交由ＡＩ決定。

開發ＡＩ的商業人士，需要具備思考「利用ＡＩ可以解決哪些商業課題，而解決這

圖2-4 AI與商業專家的協作

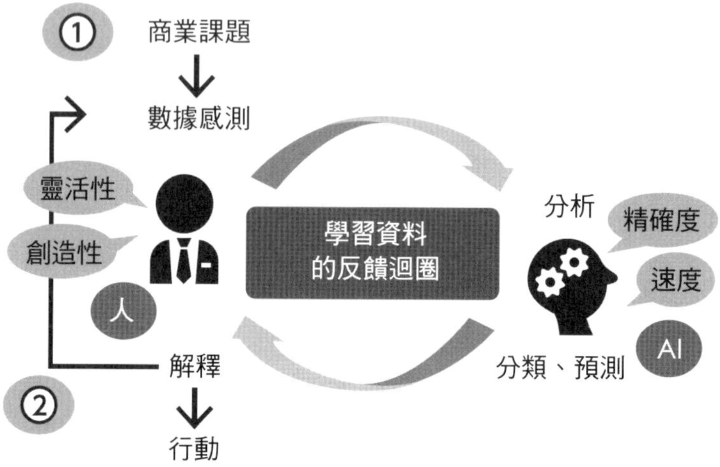

些課題又需要累積什麼數據」的能力。

以需求預測為例，需要思考的就是：

- 哪些因素可能影響需求？
- 這些因素具體來說該衡量哪些數據？

回答這些問題一般稱為假設建構。

為了建立假說，首先必須想像概念之間的關係（命題）[73]，換句話說就是思考哪些事物之間存在著什麼樣的關係性。

以數據表現「事物」，用方程式表現「關係」就成為假說。此外，數據需要不斷地更新，而必要的數據也很有可能改變，因此必須澈底投入資源進行數據管理，否則難以開發出高精確度的AI。

在包含競爭的市場，商品的配置、消費者的心理與行為，都隨著時代變化。如果不運作讓AI持續學習這些的反饋迴圈，預測的精確度唯有惡化一途。研究指出，學習資料的反饋迴圈將創造出AI應用的競爭力[74]，並且有效地設計出減輕相關人員負擔的例行程序。

基於上述考量，商業人士應該：

1. 分辨能夠創造的商業價值，決定必須靠AI解決的課題領域（圖2-4①）。
2. 根據需求的因果關係，設定AI的學習資料，並以數據呈現（圖2-4②）。

這兩點是商業人士首先在開發階段必須承擔的職責。

利用專家的默會知識設計AI學習資料

常有人戲稱，不使用統計學的需求預測，靠的是直覺、經驗與膽量，但隨著AI開始被應用於需求預測的實務當中，我覺得人們將再次開始重新評估這樣的作法。

在目前的階段，先不論只靠基本數據、銷售實績、庫存資訊以及少許外部環境因素（譬如天氣和人口動態等）就能進行預測的商品，許多商品（服務）的需求，大幅受到宣傳、賣場魅力、銷售員的商品說明等難以定量化的市場因素影響，這些商品就很難開發預測精確度高的AI。

舉例來說，現在已經知道高價化妝品與服飾的需求，大幅受到店內銷售員對商品的介紹影響，卻很少有企業對此進行定量評估，並累積充分數量的體系化數據。如果是該領域的專家，應該能夠從經驗中得知哪些要素會影響這項商品的介紹。設計一個機制將這些要素化為數據，並在盡量不增加負擔的情況下持續累積，就變得非常重要。

這時，找出過去的需求預測專家所使用的、來自經驗的直覺到底是什麼，就變成一件重要的事情。

這樣的直覺不應該是胡亂猜測，而是立基於來自經驗的默會知識，所以才能在實務當中擁有一定程度的精確度。

問題不在於預測邏輯，而是這樣的思考歷程一直以來都沒有被視覺化。

商業中的需求預測，並非培養或聘雇一名頂尖的規劃師即可。擁有一個組織，能夠擴大預測的技術、並磨練維持技術的能力相當重要，這就是組織學習[75]。

換句話說，有必要設計出能夠長期持續的流程或機制，並建立起重視需求預測的組織文化。

這方面可以參考一橋大學榮譽教授野中郁次郎提出的知識創造理論[76]。默會知識是知識間的碰撞，而我對這句話的解釋是，商業領域的專業人士之間，針對彼此的假說認真議論，並藉由這樣的過程所形成的形式化知識。

這可以想像成，精通自家公司商品需求背後的市場、消費者、競爭者等的商業人士，彼此分享與實際銷售數據相關的各種數據，並且討論這些數據的解釋。

實際上，我在二〇一四年，也就是從事需求預測的第四年，就開始將這樣的過程體系化，現在已經有一套固定的機制。我們以這個過程中累積的知識為基礎，蒐集並創造ＡＩ的學習資料。此外也在ＡＩ的學習反饋迴圈運作的過程中，持續同樣的碰撞。這就是需求預測的知識管理。

事實上，在使用ＡＩ等先進技術創造新價值的數位轉型（ＤＸ）脈絡下，我不是唯

——一個提出這種知識創造理論的人。

SOLE[77]日本分部為物流專業雜誌撰寫的文章中[78]，也指出商業專家在製造業物流現場的數位轉型善用默會知識的重要性。由此也可看出在各種不同的商業領域中，該領域的專業人士的默會知識能夠有效地幫助 AI 創造出價值。

2-3 活用預測AI時的注意點

案例 6

「某消費品的製造商，成功建構了需求預測AI，在過去推出新商品時能夠相當準確地預測其需求。今年期待的新商品也使用這個AI預測，並將數據提供給行銷和業務，但他們的反應卻不是很好。為什麼呢？」

解說請看 P92 旁線的部分

關鍵字 根據的模糊性、過擬合、反向預測

AI否定行銷？

前一節介紹了需求預測AI的可能性，但也有一點必須留意，那就是即使投入資源在假設驅動的數據管理，建構了高精確度的需求預測AI，也不一定能夠立即用在事業上。

完成學習資料的管理後，AI預測在應用階段還有另一項挑戰，那就是確保AI預測的可信度。即便AI能夠提供高度精確的預測，如果利害關係人不相信，依然無法應用在商業上。AI的缺點之一，就是預測的根據往往不透明。

舉例來說，假設根據需求預測的結果安排輸配送的卡車。但這項預測由AI提出，而且預測錯誤導致卡車不足，司機加班到深夜，也必須向收貨人道歉。這時需求預測的負責人或企業，總不能給出「因為AI這樣預測」的解釋。而且，如果預測的根據模糊不清，也想不出來該如何改善。

此外在需求預測方面，尤其對新商品的需求往往帶有期望，因此多半會有估得較高的傾向，這代表AI預測的精確度愈高，愈有可能提出比人為預測更低的數字。

新商品基本上都會進行促銷活動，因此這樣的結果也可說是AI否定了行銷人員能夠坦然接受嗎？即使過去的預測精確度高，一旦自己想出的行銷方案的效果遭到否定，想必也很難相信預測的結果。

如果是熟知AI與機器學習的人，說不定還會指出AI可能有過擬合的問題。過擬合也被稱為「過度學習」，指的是AI為了建立符合過去數據的模型而過度遷就，導致在其他條件下的精確度變差的現象。

舉例來說，假設過去推出的新商品的需求與電視廣告的投入量有相關性，但實際上影響需求的卻是零售店配合新商品推出所舉辦的促銷活動。AI無法考慮這些背景，因此未來在沒有購買電視廣告的情況下，即使零售店舉辦前所未有的大規模促銷，預測值依然會偏低。

換句話說，如果AI學習到的過去需求與影響要素之間，有著比實際情況更加緊密的關係，就有可能降低未來的預測精確度。

為了克服前文提到的這些挑戰，必須更加重視AI學習資料的妥當性。如果學習的數據合理，而且是超過人腦想像的，就能提升人類對AI預測結果的信賴感。只要讓

AI學習數百種（至少也要數十種）人類覺得「雖然未曾考慮過，但確實可能影響需求」的數據，我想人類就更容易相信AI的預測。

但我也認為不應該全面信賴AI，對其輸出的結果照單全收。就如同棋士羽生善治在他的著作中所提到的[79]，應該暫時把AI輸出的結果當成第二意見應用。傳統的方法依然存在，至於AI的輸出結果則作為不同角度的對照，藉此擴大討論的範圍，這才是有效的應用方式。

AI模仿不來的「商業技能」是什麼

如果將資源分配給以應用AI為前提的數據管理，並根據商業專家的假說準備具有高度信賴性的學習資料，那麼預測AI的精確度就很有可能超越傳統方法。既然如此，我們是否就不再需要具備需求預測的技能了呢？

麥克·奧斯朋（Michael Osborne）博士提到，十～二十年內，將有47%的職業可能被機器取代[80]，但我認為需求預測的技能依然有存在的價值，因為仍需要有人為需求預測設定目標，譬如：

- 有機會透過需求預測創造全新商業價值的類別、商品是什麼？
- 需要將精確度提升到什麼樣的程度？

也需要有人

- 評估 AI 預測結果的可信度
- 依此採取擴大營收及利潤的行動

換句話說，未來在需求預測方面需要的不是具備統計學知識、能夠管理時間序列模型或建構因果模型的能力，而是以數據表現需求背後的因果關係並建構假說、解釋及說明 AI 預測結果的能力。

商業領域中，能夠創造競爭力的技能正逐漸改變。

除非能理解需求的因果關係與 AI 學習資料間的關係性，否則無法以淺顯易懂的方式，向利害關係人說明 AI 的預測結果。察覺善用 AI 能夠有效創造出何種價值的直覺相當重要，有助於評估哪些行動能夠創造出商業價值。所以我們必須以更加寬闊的視野看待需求預測，並具備戰略性活用的意識。

圖 2-5 反向預測

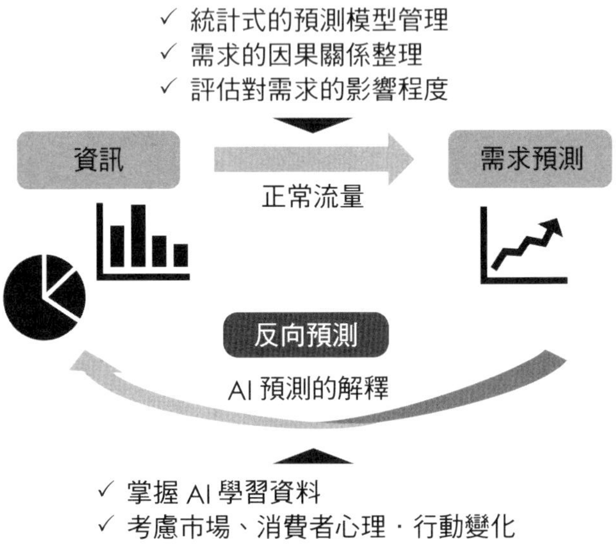

為了實現這點，我所提出的具體行動是反向預測（Reverse forecasting，圖 2-5）。

需求預測通常參考作為根據的數據與資訊進行。而參考 AI 預測的解釋，評估該採取何種行動的領導者，則需要反過來從預測值整理出根據，也就是分辨 AI 能夠考慮的訊息與無法考慮的訊息。

反向預測能夠評估 AI 的預測值，明確梳理出應該採取的行動。

從預測評估商業風險

如果能夠透過反向預測解釋ＡＩ的預測，就有能力設定商業風險。

舉例來說，假設ＡＩ針對某項新商品所預測出的需求，比業務負責人喊出的銷售計畫還要多。

這個ＡＩ的學習資料，包含最近的市場趨勢、商品能夠提供給顧客的價值，以及行銷宣傳等相關的資訊。如果業務負責人的銷售計畫比ＡＩ預測的數字要低，或許是因為他們在銷售現場對其他商品抱持著更高的期待。但如果顧客的需求量大，這項商品就有可能賣得更好。

基於這點，從需求預測的角度來看，可以先將業務負責人的銷售計畫作為目標，同時考慮到需求提高的可能性，將ＡＩ預測多出來的部分當作庫存準備起來，作為風險管理的方案。

這麼一來，即使需求量高於販賣計畫，也極有可能避開因缺貨造成的機會損失。這時準備的庫存可以是原料而非最終產品，即使有剩也因為評估價值較低，對經營的影響也較小。

當然，在這種情況下當需求增加時，必須注意生產的前置時間。否則即使準備了原料，如果無法立即生產依然會導致缺貨。

而在相反的情況下，也能夠迴避風險。如果 AI 的預測值低於根據其他方法的共識預測（Consensus Forecast），這可能意味著設定的目標過高。這時就有庫存過高的風險。這種情況舉例來說，可以藉由制定比平常更低的庫存計畫等措施來使商業風險降低。

由此可知，我們能夠將 AI 預測視為一種情境，擬定將需求波動考慮在內的範圍預測。

再強調一次，需要有能力評估 AI 預測的可靠性才能做到這點，而且前提是必須理解需求的因果關係與學習資料。就這個觀點來看，需求預測 AI 的商業應用，最好從開發到使用都是同一批人。

商業人在「AI創造的時間」該達成什麼目標

由此可知，為了透過預測AI創造商業價值，需要下列這些新的需求預測技能：

1. 假設驅動的數據管理（P85）
2. 利用反向預測解釋預測結果（P97）
3. 提出參考AI預測的商業風險對策（P98）

而將資源分配給這些技能的組織設計就變得很重要。

此外，1.和2.是一個迴圈，根據反向預測的評估再建構新的假說。因此目標可以是在組織裡加入使這個迴圈不斷循環的機制。

即使在AI實用化的時代，設定入口與出口（目標設定、決定行動並執行）仍然是人類的工作，這是一直以來的說法。但如同這裡所介紹的，商業人士的角色正在改變，而這個變化將更加強調以下三項特徵：

1. 管理能力

2. 創造力

3. 服務力

現階段的ＡＩ要做到這些仍有困難，人類可能更加擅長。管理能力舉例來說就是課題設定與決策，服務力則可以想像護理師或看護師的工作。

在此想要稍微進一步探討創造力。

將ＡＩ應用在商業中的目的，當然不是其本身，而是希望透過ＡＩ的應用，創造出時間來根據高度的分析進行決策以及提高生產力。人類如果能夠獲得高度的資訊與時間，就能從事更多需要思考的工作，換句話說就是更加具有創造力的工作。

這裡所說的創造力，不是拍攝電視廣告或設計產品包裝等狹義的創造力。以需求預測為例，開發新的預測方法也是一種需要創造力的工作，而根據需求預測擬定庫存戰略、經營管理領域的成本控制、提供行銷與業務建議等都符合創造力的定義。

在商業脈絡下解釋ＡＩ提出的高度資訊，並提出有價值的方案需要時間。負責作業的部門經常是整天忙於應付各種工作，但只要留出時間從數據中思考，就能提出具有創造性的方案，因此是非常重要的功能。

這是因為供應鏈的相關數據不只限於一家公司的內部數據，其中還包含了從消費者的購買行為到自家公司的作業能力、合作企業的作業精確度等，對於製造商、零售業及服務業等特別重要的資訊。

透過ＡＩ的協助，能夠有效地從這些龐大的數據中做出有意義的解釋，如果能夠做到這點，商業人士將能夠提供比現在更具有經營價值的提案。

這在不確定性逐漸提高的商業環境中，想必與企業的競爭力直接相關。而且只要發揮ＡＩ的力量，不只自家公司，還能有效地透過跨越企業藩籬的合作，更加深入解讀消費者的購買心理及行為，而已經有部分企業展開這樣的行動。

2-4 利用預測AI創造未來

案例 7

「某個便利商店的店長，因為平常負責訂貨的資深兼職人員辭職，導致缺貨或廢棄的情況增加而煩惱。後天附近的小學應該會舉辦運動會。不知道天氣預報如何？話說回來，今天的貨還沒送來……」

解說請看 P104 旁線的部分

關鍵字 物流危機、邊緣預測、日本式CPFR

克服物流危機的祕密策略

我在二〇二一年十一月，受邀參加由 NEC 主辦的線上會議[81]，與負責預測食品業界未來需求的現任實務家展開討論。這場會議讓我再次思考 CPFR[82]。CPFR 是一種概念，指的是製造商與零售業者合作，擬定需求預測與販賣計畫，提升店鋪庫存補充與工廠生產調度的效率。

雖然我在十多年前就耳聞過這個詞，但在實務中幾乎沒有聽過，也感受不太到其必要性。在本單元當中，我想要討論在物流危機漸趨嚴重的情況下，在事業中引進 AI 這項高度分析工具時，藉由 CPFR 的重新調整創造出新價值的可能性。

根據我從事 SCM 十年以上的經驗，幾乎沒有聽說過 CPFR 特別突出的案例。不只我所在的化妝品業界，即使在研究所或商業講座討論的各個業界當中也是如此。但 CPFR 是美國定義[83]的概念，在美國應該有其成效。在此先讓我們試著思考美國市場與日本市場的結構差異。

美國市場長期以來由沃爾瑪和梅西百貨等少數零售企業主導。雖然近年來似乎因為

Amazon崛起而陷入苦戰，但過去這些特定零售業者掌握的消費者購買數據（POS資料）可說是具有極大的價值。

已經有研究證明，利用POS資料進行需求預測能夠提高準確性[84]。舉例來說，如果能夠取得沃爾瑪的POS資料，製造商的需求預測精確度必定能夠提高。

根據我的分析，在新商品多和商品季節性強的行業中，活用POS資料可將預測的精確度提高7～10%左右。換句話說，如果市場上有占據主導地位的零售企業，那麼只要取得該企業擁有的POS資料，就能提高需求預測的精確度，那麼零售店的庫存補充與工廠的生產都會更有效率。CPFR被認為在美國市場創造了競爭優勢，因為POS數據是共享的。

但日本市場的結構不同，零售企業群雄割據，各個地區有各自知名的藥妝店與超市。

在這樣的市場當中，如果製造商想要取得POS資料，必須與許多企業簽訂契約。雖然使用少量的POS資料也能預測，但擴大估計時會發生誤差，因此覆蓋率低，預測的精確度也愈低。CPFR的成本在這樣的市場結構中相對較高，這或許就是在日本不太普及的原因。

當然，我想各個製造商一直以來都主要透過業務部門與零售企業溝通，運用來自店鋪的資訊進行需求預測。但就我的感覺來看，這樣的合作侷限在企業對企業的大框架中，只有部分業界才能大規模地與SCM連動。

提高配車計畫的精確度，削減多餘的輸配送

但日本的市場環境在近年也發生了新的變化，那就是「物流危機」。勞動人口減少與待遇的問題，導致配送的司機不足，但消費者生活方式改變與電子商務擴大，卻使得小件物品的配送需求提高。再加上單身族群增加等社會結構的改變，再配送的問題也變得嚴重。這是商品送達消費者的環節，因此也被稱為「最後一哩路問題」。這些問題使得物流業的存續陷入危機。

在這樣的環境下，提升物流效率是有效的解方。具體作法就是提高配車計畫的精確度，削減多餘的輸配送。需求預測在這時就變得很重要。

但不能像過去那樣採取全國範圍的大粒度預測。如同第1章1-2的說明，對於許多製造

商採用的統計學預測方法而言，區域粒度與時間單位愈大，精確度就愈高。需求受到許多因素影響，但在大粒度的預測中，多數因素的誤差將互相抵銷，因此只需考慮影響較大的因素即可。

換句話說，如果仍採取以往的預測方法，粒度小的需求預測很有可能難以達到較高的精確度。因為小範圍的需求預測，需要考慮更多的因素。

這些因素之間也很可能存在著因果關係，這將使需求預測變得更加困難。如果需求之間的因果關係無法確定，預測精確度就無法提高。

更小規模、更快速度的預測

從複雜的因果關係中找出規則，正是ＡＩ拿手的部分。

此外，當需求預測的範圍變小，預測區間也會縮小，譬如從月變成天時，處理的數據量就會增加。而處理大量數據也是ＡＩ擅長的領域。

各個商業領域都開始活用ＡＩ，而ＡＩ在需求預測方面也不再只是用來取代過去的

圖 2-6 透過 AI 需求預測追求價值的方向

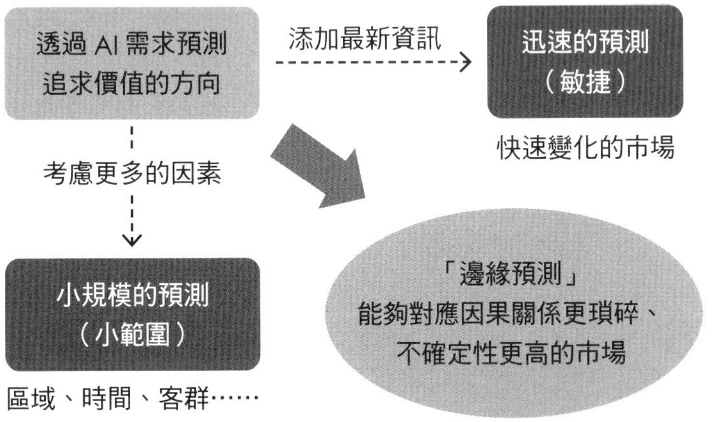

方法，引進 AI 處理「範圍更小」、「更迅速」的預測也是一個方向。我稱之為邊緣預測（Edge Forecasting）[85]。

就如同邊緣運算一樣，邊緣預測重視的是在小範圍內迅速的預測。

需求預測並不是邊緣作業的複雜性引起關注的唯一領域。在電子商務需求擴大的零售業界，開始有人認為不僅要銷售，還要本地化配送才能形成競爭力[86]。擴大規模、追求效率的戰略不再是正確答案，分割市場追求敏捷性的戰略，在某些領域中將可取得競爭優勢。

本章到此為止介紹的需求預測新技能，在這時就變得相當重要。

這是想像更瑣碎的需求因果關係、並以數據表現的能力，而且不只存在於公司內部的BI工具，也可能存在於過去未曾在需求預測中使用過的、其他部門的資料庫。

這些數據都必須從需求預測的角度來看才能發現新的價值。再加上為了將市場變化迅速地反映在需求預測中，必須取得並監測市場日常變動的相關數據。

雖然IT在這方面能夠提供有效的協助，但除非是熟知市場與顧客的專業人員，否則很難挑選出必要數據並設計提醒。這些AI的學習資料，需要根據預測精確度的分析重新創造，也必須配合市場變化重新感測數據，關於這些部分前面都已經介紹過了。

我曾參與過專門預測需求的需求規劃師中途招聘，但我的感想是，與其從就業市場中尋找具備新的需求預測技能的人才，從熟知自家事業的人才中培養才是最快的途徑。尤其在日本，多數企業並未定義需求預測所需的技能，即使在就業市場中也很難出現這方面的專家。

食品業界 CPFR 的未來預想圖——廠商之間共享資料，彼此「合作」

如同前述，雖然發生了物流危機之類的環境變化，我們也因為資料基礎設施及 AI 工具的進步，進行高度分析的速度逐漸變得比以前更快。這時應該重新思考的是適合日本的 CPFR 模型。

正如本單元開頭所介紹的，CPFR 是製造商和零售業之間的協作，接下來隨著零售企業也開始引進 AI，將能夠更詳細地感測消費者購買心理與行為的相關數據。

不只是購買後的 POS 資料，部分業界也已經開始分析與消費者屬性結合的 ID-POS 資料[87]。至於使用 ID-POS 鎖定顧客的需求預測 AI，將在第 4 章介紹。

未來或許就連消費者的身體狀況與心情等相關資訊，都能夠即時與購買行為結合。這意味著我們將能夠即時掌握消費者在什麼樣的心情之下，購買什麼樣的商品。

如果製造商與零售企業能夠共享這些資料，就能透過協作策劃店內促銷活動。根據立命館大學永島正康教授整理的資料，這樣的 CPFR 比單純的資料共享層次更高[88]。

食品業界的製造商不會涵蓋所有類別，但消費者一次會購買多種類別的商品。因此不

圖 2-7 食品業界 CPFR 的未來預想圖

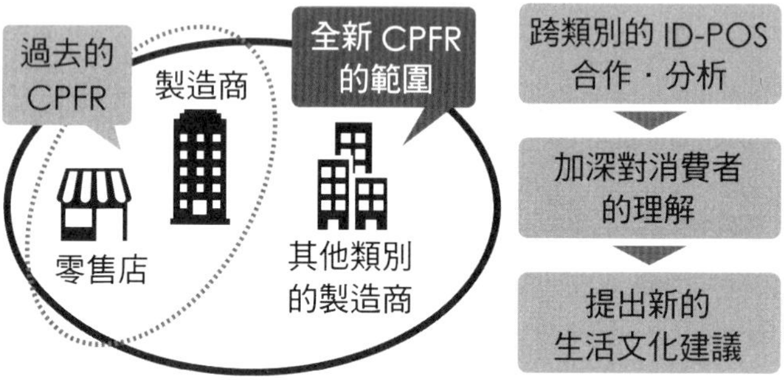

同類別的製造商可透過共享資料進行協作，譬如用這些數據開發商品，這麼一來或許就能傳播新的飲食文化。這麼做可想而知將能夠創造競爭力。

CPFR如果能夠做到這個地步，將成為超越協作促銷的最高層次。

換句話說，像食品這種一家製造商通常只製造部分類別商品的業界，製造商除了與零售企業協作之外，也能夠與其他類別的製造商協作，創造出新的CPFR模式。譬如飲料製造商不只分析自家商品的購買數據，也進行與食品製造商協作的數據分析。

運動飲料經常與哪些食品一起購買、購買的顧客住在哪個地區、什麼時候光顧、當時身體的水分量是多少、心情如何、表情如何。感測這許許多多的數據，做出跨製造商的解釋，市場分析就能更加深入。

在群雄割據的日本市場，只取得部分零售企業的購買後POS資料並與SCM合作，也很難創造出多大的價值。但必須在更小範圍的區域處理物流危機的情況下，如果能夠利用AI實現更小規模、更迅速、精確度更高的需求預測，CPFR所創造的商業價值就會更高。

透過這種來自日本的未來型CPFR模型，或許能藉由許多廠商的協作，引領創造更豐富的社會。

為了不在這樣的協作中落於人後，從現在起必須有意識地在自家公司透過AI創造商業價值，定義並培養新的需求預測技能。

第2章重點

・預測和決策、判斷、推論同樣屬於一種認知過程，可透過認知科學與行為經濟學的知識使其更加進步。
・經驗與環境會使人類的思考產生偏差（認知偏誤）並誤導預測，偏誤的學習資料也會使ＡＩ做出偏頗的預測及分類。
・為了提升ＡＩ預測的精確度，必須將該商業領域專家的默會知識視覺化，並以數據表現。
・商業人能夠透過解釋ＡＩ輸出的結果，並提出將其活用於事業的方案，創造出商業價值。
・物流是與顧客的接觸點，當物流開始產生價值的同時，其存續性也陷入危機。在這種情況下，必須能夠在更小規模當中，做出更迅速的需求預測。

Chapter 3

全球新知帶來需求預測的革新

——提高組織之間的協作力

3-1 解決業務部門與製造部門的衝突

案例 8

「或許因為隔壁的業務部門總是提出強勢的數字，他們都能確保充分的庫存。接下來將推出對我們這個業務部門來說非常重要的新商品，所以我們也希望庫存充足。為了讓業務負責人能夠安心談生意，我們這次是否也該向生產部門提出強勢的銷售計畫呢？」

解說請看 P120 旁線的部分

關鍵字　資訊不對稱、代理人問題、道德危險

結合彼此的智慧創造出新點子

我撰寫本書的目的，是為了在不確定性增加的商業環境中，幫助各個職種、階層的商業人士理解並培養需求預測的技能，藉此創造出新的商業價值。因此前面介紹了需求預測到底具備什麼樣的價值，該如何使用像AI這樣的先進技術幫助預測更加進步。

至於本章，將介紹透過新點子創造商業價值的思考方法。這個方法就是「融合不同領域的知識」。

商業領域的需求預測，光憑個人運用數字及統計學所做的分析是不夠的，還需要透過溝通蒐集資訊，利用以數據分析為基礎的需求預測評估企業的目標，衡量供需平衡。

換句話說，組織之間需要協作，這當中也存在負責決策的領導者。由於參與的人士眾多，問題必然不少，而不滿與衝突將阻礙商業價值的創造。透過研究組織機制的管理理論，能夠得到解決現實世界經營問題的靈感。

根據早稻田大學教授入山章榮的整理，透過知識探索與知識深化的結合，能夠提升創新的機率[89]。而知識探索與知識深化，則是史丹佛大學的教授詹姆斯·馬奇（James G.

March）於一九九一年提出的概念[90]。

知識探索指的是進入新的領域，深化則是通過實務與研究來加深理解並提升效率和效果，因此企業內部與個人內部的多樣性（diversity）就相當重要。而日本企業似乎特別不擅長知識探索。我將參考這點，融合自己專攻的需求預測與領域稍微不同的知識，由此思考需求預測與SCM日後發展的方向。

如同第1章也稍微介紹過的，SCM是企業之間跨越藩籬，針對從調度到販賣的資訊與物流進行合作，協助經營的概念。這當中包含調度（採購）、生產、物流、需求預測與銷售現場之間的溝通等，雖然分工方式因企業而異，但都由涉及多樣功能的組織負責，因此參與人數眾多。為了達到高效率的表現，分工與合作的機制，也就是組織設計，就變得至關重要。

正如第2章所說的，人的處理能力有限，不可能由一個人負責SCM的所有領域，因此分工就是必要的，這可說是SCM組織的一大特徵。

在各個業界都能看見的組織間衝突

業務部門與製造部門之間的衝突，在製造商的組織之間相當常見。我在公司外的社群，有較多機會與各個業界負責SCM的實務家交談，這樣的衝突真的時有所聞。

日本與北美等地區不同，很少有企業配置專門預測需求的需求規劃師。雖然與生產的商品數量也有關係，但在不少企業當中，負責需求預測的都是業務人員。此外，也有部分企業的新商品由行銷部門預測，上市後超過半年的商品則改由SCM預測。

在採取這種分工方式的組織當中，根據業務．行銷部門的需求預測或銷售計畫調整生產計畫的工作，則稱為供需調整。

若銷售計畫直接就能轉換成生產計畫，就沒有必要進行供需調整，但工廠的產線與人員有限。而且就實際狀況來看，工廠採購原料的供應商也有同樣的限制。無限地準備這些資源將持續消耗不必要的成本，就經營事業而言不切實際。因此生產什麼樣的產品、在何時生產、數量多少都需要協調。

導致供需調整變得混亂的主要因素之一就是銷售計畫改變。突如其來的增產要求將使得人力的安排變得非常困難，共用生產線的其他商品也必須延後生產時期。相反的狀況也會造成問題，突然減產將導致生產線與人員閒置，並收下沒有立即需求的原料。因此製造部門經常會抱怨業務部門的銷售計畫太過粗糙。

至於業務部門必須與客戶談過才能決定是否交貨，因此也無法只靠自己的意志確定不同商品的銷售計畫，必須根據市場的需求變化與客戶的期望隨時調整。因此業務部門也可能因為製造部門的難以變通而感到挫折。

透過代理人理論思考的組織課題

代理人理論是說明道德危險（Moral Hazard[91]）如何發生的理論。當作為決策主體的委託人（Principal）與作為其代理執行者的代理人（Agent）之間出現下列狀況：

- 資訊不對稱（委託人無法掌握代理人所擁有的所有資訊）
- 目標不一致（兩者的目標不同）

那麼代理人就可能採取違反委託人意圖的行動。而理論中也說明，這並非基於情感的行動，而是合理行動的結果。接下來將使用代理人理論，解讀前述的供需調整問題。

接下來所舉的例子可能有點極端，但為了便於理解請讀者見諒。此外，這次介紹的假說以商品數少則數千，多則數萬以上的製造商為對象，並未考慮商品數較少的企業。附帶一提，像這種假說及理論的適用範圍稱為理論邊界（Theoretical Boundary[92]），是活用理論時務必確認的重點。

首先將委託人和代理人的關係，套用到供需調整的分工上。

假設經營階層擬定企業的成長戰略，具體來說就是以擴大營收與營業利益為目標的戰略，那麼委託人與代理人之間的關係，就相當於執行銷售作業的業務部門與執行生產作業的製造部門之間的關係。

業務部門通常有銷售額目標（業績），製造部門通常有庫存目標（周轉率）。這時委託人就是製造部門，代理人則是業務部門。

就如同開頭案例所介紹的，業務部門的任務是達成銷售額目標，因此會希望盡可能避免缺貨。於是他們會傾向於提高生產計畫，有些人（團隊、分店等）甚至會刻意將與製造部門合作的銷售計畫設定得較高。

圖 3-1 發生道德危險的機制

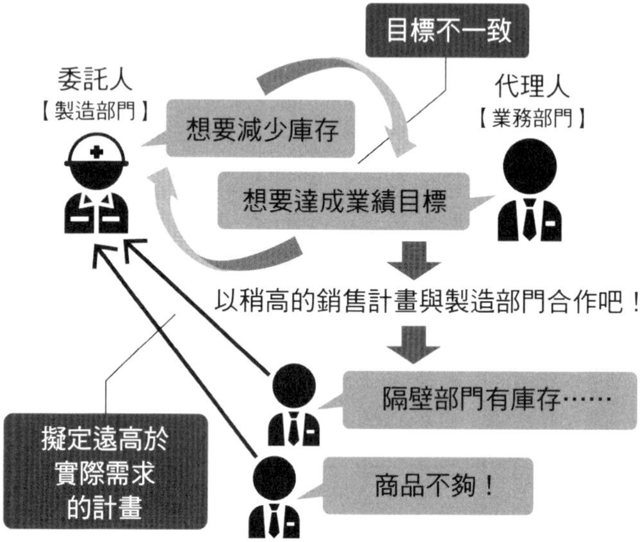
目標不一致
委託人
【製造部門】
代理人
【業務部門】
想要減少庫存
想要達成業績目標
以稍高的銷售計畫與製造部門合作吧！
隔壁部門有庫存……
商品不夠！
擬定遠高於
實際需求
的計畫

反之，也有人基於客觀依據，將銷售計畫設定得較低。但製造部門無法分辨兩者的差異，因此將雙方的數字平等地反映於生產計畫上，使得有限的產能分配得並不平均。如此一來，提出客觀銷售計畫的人就無法確保充分的產量，面臨缺貨風險。

當這種情況反覆發生時，原本提出客觀銷售計畫的人，也逐漸開始刻意提高自己負責的品牌或客戶的銷售計畫。於是銷售計畫的精確度降低，最壞的情況將導致公司投入資金增加不必要的產能。

在此為未曾參與過供需調整的讀者稍微進行補充。或許有人會覺得「業績目標大幅偏離提供給生產部門的銷售計畫太不合理了」。就直覺來看我也這麼認為，但在此可以透過考量商品數量這項變數稍作說明。

如果企業販賣的商品數少，就能立刻理解這兩項計畫背離的詳情，因此也容易做出修正行動。然而，一旦商品規模多達成千上萬，除了主力商品之外的計畫就會變得模糊，也難以釐清計畫背離的細節。

要求以品牌或客戶為單位管理業績（計畫）的業務部門，每月更新並管理數以千計的商品計畫不切實際。這就要回到開頭所提的，組織設計中人的處理能力的極限與分工，但業務部門的任務是達成業績，並為此投入大量資源。

因此，即使注意到兩種計畫互相背離，也無法簡單地釐清具體來說是哪項商品，又該如何修正。據說隨著商品數量增加，SCM的管理成本也呈成指數性成長，變得更加困難，即使在供需調整中，商品數也是無法忽視的棘手變數。

解決道德危險的2個切入點

道德危險的原因在於兩者之間的目標不一致與資訊不對稱，因此代理人無法採取委託人期望的行動。

將這點套用在供需調整的脈絡中，就是製造部門（委託人）希望業務部門提供妥當的銷售計畫，幫助他們擬定高精確度的生產計畫以減少庫存，但以避免缺貨並達到業績為目標的業務部門（代理人），提供的卻是比實際情況及業績目標更高的銷售計畫（圖3-1）。

代理人理論主張，只要引進以下兩種機制，就能消除資訊不對稱與目標不一致的狀況，將問題解決：

- 委託人的監督機制
- 代理人的激勵機制

我由此得到啟發，想出了以下兩個方案。

第一個方案是將製造部門的人員派駐到業務部門。這個構想來自創投企業派駐外部董事到其投資企業的作法，透過這種方法，更容易取得判斷販賣計畫是否妥當的資訊。

我在SCM部門以及包含了業務部門的事業部門都曾負責過需求預測。兩者各有優缺點，但在事業部門中進行需求預測，比在SCM部門中利用業務．行銷部門分享的資訊預測更具體，也更能感受水溫。此外也方便與業務人員一起討論預測的妥當性，能夠以更明確的根據進行供需調整。這點在本質上或許與此方案相同。

另一個方案是將業務部門的考績標準從業績達成率改成計畫精確度。我想在多數企業當中，業績達成率130％的業務部門，考績都會比業績達成率98％的業務部門要來得好。採取這種考績標準時，與其提高銷售計畫的精確度，反而「總之多賣一點」才是合理的作法，因此生產量愈多愈安心。

但如果考績標準改成計畫精確度，那麼擬定更加縝密的計畫就變得至關重要，這麼一來，就會比較容易解決前面提到的道德危險問題。事實上，就有一家大規模汽車製造商將計畫精確度作為KPI的標準。

我在事業部門負責預測需求時，與業務．行銷部門屬於同一個組織，因此擁有相同的利益目標。多餘的庫存管理費用可能拉低利潤，因此會與業務．行銷部門分享銷售計畫的精確度，一起朝著改善的方向努力。我們一起將提升服務水準與預測精確度視為目標，與業務部門的資訊交流也變得更加順暢[93]。因此整合委託人與代理人的動機（KPI），也是一種有效的方法。

但我也知道在實務中實現這樣的想法並不容易。雖然已經由部分頂尖的跨國企業引進以計畫精確度為標準的考績系統，但根據企業所處的環境與發展階段，有時將達成率視為標準的效果依然較好。

因此我想說的是，管理理論在思考實務問題的解決方案時固然能夠成為有效的參考，但具體來說還是必須配合各個企業的脈絡。

這裡介紹的代理人理論，適用於股東與負責人、管理階級與員工、上司與部下等各種關係，有助於說明各種問題。各位務必試著將這套理論套用於困擾你的組織問題上，設計一套監督或共同的激勵機制。

3-2 驗證！利用比利時模型診斷預測力

案例 9

「市場因疫情而劇烈改變，缺貨及庫存過多的情況同時增加。高層管理人員在這時要求提升需求預測的精確度。現在使用的預測系統是5年前的舊系統，是否該試著引進新系統呢？我記得自己看過競爭對手引進需求預測ＡＩ並大獲成功的報導。不，首先該做的應該是從外部聘雇專業的需求規劃師吧？」

解說請看 P127 旁線的部分

關鍵字 需求預測診斷、框架、顧問技術

提高預測精確度的驅動力

二〇二〇年因新冠病毒疫情的關係，各個企業在供應鏈上的需求都急遽減少，但供給也中斷，使得供需之間發生了嚴重的混亂。

口罩與家用咖啡的需求激增，而口紅與營業用食材的需求則遽減。邊境管制實施後，外國旅客需求量大的類別也受到重大影響。我想許多企業在這個時候都重新感受到SCM的重要性。

在這種供需混亂的時期，需求預測的改善容易成為焦點。但就現實而言，即使AI也難以預測疫情或自然災害。

需求預測在面對急遽變化的市場環境時，難道就無能為力嗎？答案是否定的。

倒不如說需求預測的作業水準愈高的企業，愈容易在事業中重振旗鼓。第1章的1-3也提過，需求預測的技能有助於提高事業的恢復力[94]。但這不是在緊急狀況發生時能夠做到的事情，平常就必須投入適當的資源，花時間提高企業的預測技能。

就如同開頭所舉出的例子，如果突然想要改善預測精確度，只能想到隨波逐流的行動，這麼做無法找出根本原因，預測精確度也無法確實改善。在此將介紹幫助思考的強大架構。

比利時的研究團隊在二〇一八年提出了提高需求預測精確度的要素[95]。他們回顧過去有關需求預測的文獻，選出認為重要的因素，並訪談多名企業實務家等，整理出了下列六項。

1. 數據

使用於需求預測的數據的完整性。出貨、庫存、公司外部的巨觀數據不用說，先進的企業也會開始累積公司內部尚未結構化的行銷數據、公司外部的社群媒體數據等並加以處理，使其能夠應用在需求預測上。

2. 方法

需求預測是否採取統一而非個人主觀的方法。如果公司內部並未制定這樣的方法，就無法累積知識，預測精確度也不會提高。除了擁有約六十年歷史的時間序列模型之外，還有高度仰賴專家判斷的德菲法、貝氏共識、機器學習模型等多種已知的方法。而研究也指出，複雜的方法不一定比較精確[96]。

3. 系統

是否引進需求預測系統、系統的機能高低。全球性的套件任何企業都能引進，因此光憑這樣的系統無法取得需求預測的優勢。

4. 績效管理

是否定義完善的指標，用以評估需求預測的精確度，並建立根據指標改善的機制？將預測精確度當成 KPI 監督的企業出乎意料地少。

5. 組織

是否有獨立於業績及目標之外的需求預測組織及 KPI。企業雖然意識到需求預測的重要性，卻很少對這樣的組織進行投資。

6. 人才

是否擁有專門負責需求預測的需求規劃師，並建立一套培養及傳承的機制。為了熟練使用需求預測系統，並有效地推動管理，必須培養專業人才。

研究團隊認為，這些因素的達成率愈高，需求預測的精確度也愈高，進而更能夠透過S&OP協助經營。當然除了這六項之外，他們還提出了其他提升需求預測精確度的要素[97]，但我認為這六項最容易理解且付諸實行。

缺乏中長期視野的「日本企業預測力」

這六項要素還能再細分為三十三個項目，而我再加入新商品與現有商品的軸線，使其增加到五十個項目。

此外，我們也與顧問公司[98]共同設計了可在網路上進行簡易診斷的架構，並將每個項目分成三階段評分。簡易診斷屬於自我診斷，難以和其他公司進行比較，因此信賴性稍低，但即便如此，依然比從零開始構思改善方案效率更高，效果也更好。

我們長達數年以上診斷了超過五十家企業的需求預測水準，而經過統計處理的結果呈現在圖3-2的雷達圖中。

這張圖包含了多個業界，但基本上仍以製造業為主要對象。不同業界的商業模式有各

圖 3-2 需求預測水準的診斷結果

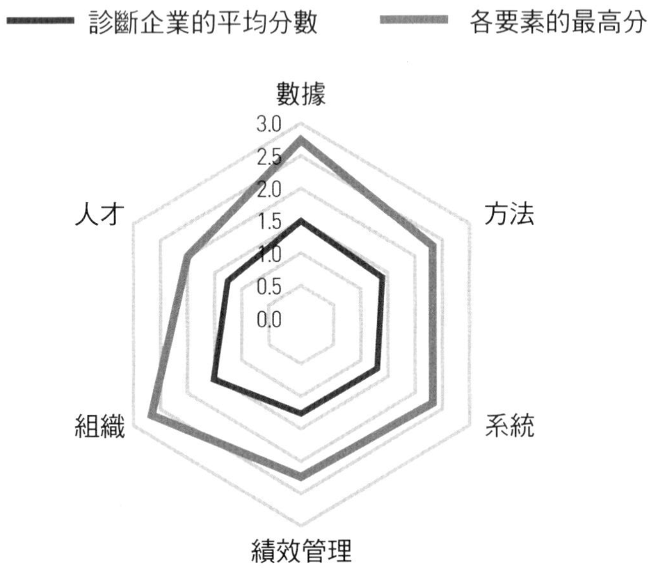

自的特點，而平均值與各要素的最高分之間存在著相當大的差異。對於這個平均值的總結如下。

日本企業具有下列優勢：

- 充分利用市場、銷售數據與行銷方案等資訊。
- 由被賦予責任及權限的需求預測團隊進行作業。

但另一方面也有需要改善的事項：

- 無法根據固定的預測精確度評估指標進行知識管理。
- 缺乏需求規劃師的榜樣與培育機制。

換句話說，儘管在現場作業維持一

定水準的精確度，卻無法進行更高層次的管理，也沒有考慮到如何維持中長期的績效。這不單只是基於診斷結果的考察，根據我的需求預測講座[100]與需求預測研究會[101]的討論，以及諮詢輔導的內容，也能得到相同的結論。

尤其是需求預測的管理，許多公司似乎對具體作業不太了解。

我主辦的需求預測商業講座已經有一百五十多家公司參加，但預測精確度指標的認知，比各種預測模型還不普及。不只代表性的MAPE[102]，還有追蹤訊號（tracking signal[103]）和MASE[104]等指標，如果不了解這些指標，就無法進行需求預測的管理。首先應該了解各種在全球提出的指標，再根據各公司的商業模式與戰略進行選擇[105]。

這些預測精確度頂多只是分析的入門。因此該從什麼樣的切入點監測精確度也是重要的決策。如果不設計一套機制幫助持續採取改善精確度的行動，預測精確度就很難維持並提升。

不同組織類型的預測改革

接下來將根據組織的類型，稍微介紹一下使用需求預測水準診斷系統的諮詢案例。這裡介紹的案例並非某一家企業的診斷，而是將多家雷達圖類似的企業的診斷結果進行統計處理，並假設一家虛構的企業，提出改善預測的建議。希望各位的企業能夠從中得到改善的靈感。

診斷結果案例① 飲料製造商

首先介紹的案例是「組織力型」的飲料製造商。這家企業以組織管理需求預測的績效，並維持其作業。

該公司設定預測精確度的KPI，並透過與相關部門的共享，由需求預測團隊負起責任推動業務。

但另一方面，該公司沒有統一的預測方法，支援系統也尚未完善。預測基本上由各規劃師使用試算表進行，對人力的依賴度高。

圖 3-3 飲料製造商的雷達圖

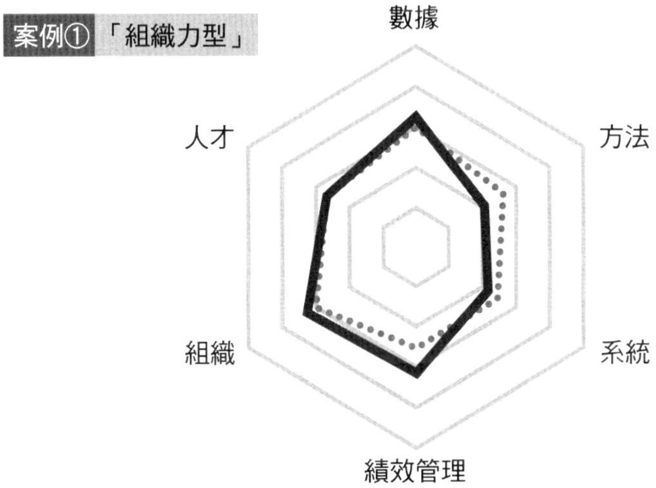

這樣的企業就短期來看缺乏效率，長期來看則有績效持續性薄弱的問題。這方面是必須強化的重點。改善方案舉例來說包括：

- 設計並發展統一的預測方法
- 引進預測支援系統

尤其飲料製造商的商品數少，因此引進預測支援系統有機會提高業務效率。

不過，使用需求預測系統時，管理的技能極為重要。因此引進系統也必須與培養規劃師的模型管理技能並行。這是許多企業的盲點，必須留意。

圖 3-4　重型機械製造商的雷達圖

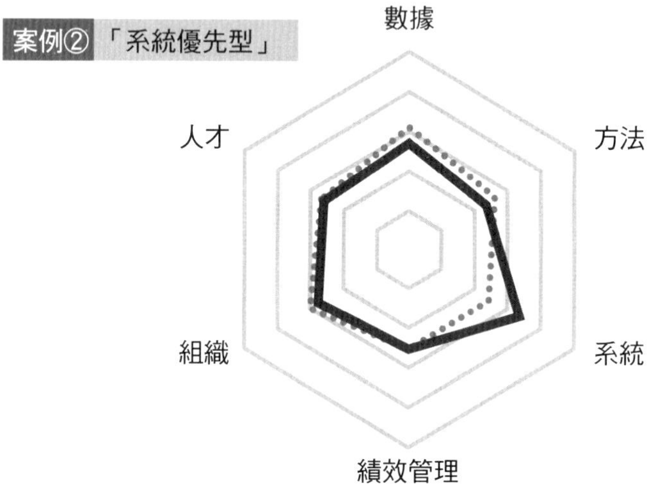

診斷結果案例② 重型機械製造商

接下來的案例是以系統投資優先的重型機械製造商。這樣的狀況在規模大的企業，以及在全球引進統一系統的企業相當常見。

對於這些企業而言，熟練使用預測支援系統非常重要。如同前述，即使需求預測系統搭載了高度的模型，如果沒有人能夠適當調整變數與數據，依然無法維持其高精確度。市場環境不變的企業很少，持續進行這些調整是必要的。

此外，販賣數據也會受到缺貨及

宣傳促銷的影響。如果不對此進行適當修正，預測精確度也會逐漸下降。因此必須培養能夠理解需求變化背景以及預測模型方法的人才。

當組織能夠熟練使用預測系統之後，就必須把設計管理其精確度的機制當成目標。公司內部可以針對評估預測精確度的指標取得共識，並且持續監測及公布。

而負責管理需求預測團隊的人才，也必須能夠定期分析各區域與類別的預測精確度，並且對預測模型的變更及變數調整做出指示。

其他還有好幾種類型，但透過這兩個案例可以知道，即使六項要素都很重要，不同企業還是有不同的改善里程碑。

引領改革的專業見解

如同前面的介紹，以研究結果為基礎的架構，能夠提高分析的精確性與速度。而使用這個架構的簡報，也能更有力地推動各位的假說與提案。不過，只使用架構無法像前述那樣提出改善的方向性。除了架構之外，還需要對該商業領域的深入見解與經驗。

實際進行需求預測診斷時，首先會調查對象企業與業界的商品數、推出新商品的頻率以及營收占比、商業模式（供應鏈結構）等。尤其預測精確度的水準因生產與訂購的前置時間而異，而前置時間又受到商品數與新商品的營收占比、商業模式影響，因此設定目標時必須考慮這些因素。關於這方面的重點掌握，以及設定目標的水準，都需要需求預測的知識。

需求預測的水準診斷透過雷達圖進行，這時除了診斷的企業之外，還會顯示同行業公司，以及新商品營收占比等接近的企業的平均分與最高分（Best in Class）。如此一來就能對自家公司的水準與目標產生具體的感受。

更重要而且更困難的是設定改善里程碑。

當自家公司的分數與平均分數、最高分數以視覺方式呈現出來之後，就必須考慮該從哪項要素開始改善。雖然總有一天必須均衡強化，但因為資源有限，一般來說無法一次強化所有要素。各公司都必須根據自己的戰略勾勒出改善里程碑，譬如強化弱點、將優勢轉化為更強大的競爭力，或是即早取得小規模成果等。

這樣的顧問技能不一定非得從外部尋求。如果自家公司就能做到，速度或許會更快，成本也更低。由此可知，即使不到需求預測專家的地步，培育具備需求預測知識與預測技能的人才依然相當重要。

這裡所介紹的需求預測高度化，不僅只於提升預測精確度。本書所強調的不如說是「預測敏捷性」。

需求預測的敏捷性指的是①早期察覺市場環境變化、②在察覺變化後基於迅速的數據分析靈活地更新預測。而提升前述的六項要素，就能增加需求預測的敏捷性。

高度化的數據與管理機制，有助於即早察覺市場變化；熟練使用方法與系統，能夠加快需求數據的分析。這些都必須依靠具備需求預測技能的專業人才領導，而這樣的人才則需要在組織內部培養。

在不確定性增加的商業環境中，作業的精確度有限，透過獲得敏捷性來提高恢復力也變得相當重要。

為了提升製造業的事業恢復力，有必要盡可能提前進行需求預測。為了有效率地推動這點，客觀地評估預測作業的六項要素，並與其他公司進行比較是有效的方法。

解釋診斷結果，提出並實行改善行動，需要專業且務實的需求預測知識及技能，而根據學術研究的見解發現根本課題，想必會成為提升事業恢復力的捷徑。

3-3 超越數據的直覺

案例 10

「我們以統計學分析過去三十年來行銷宣傳與需求的關係，建構了預測模型。這個模型可模擬出使用媒體宣傳能夠增加的需求量。我們運用這個模型預測備受期待的新商品的需求，但這次首度向中國投放串流廣告，這個模型能有辦法預測其效果嗎？話說回來，三十年前似乎連手機也沒有……」

解說請看 P141 旁線的部分

關鍵字 雜訊、專業的直覺、作業研究

為什麼明明蒐集許多數據卻預測失準

本書到此為止介紹的預測技能，除了能夠更準確預知商業風險，同時也能創造提高事業恢復力的敏捷性。但另一方面，預測的精確度不可能達到100％。雖然誤差的程度因技能與流程的水準、系統支援的有無等而異，但無論如何都一定會發生。那麼，為什麼會發生誤差呢？

前面提過，無論在機器學習領域還是行為經濟學領域[107]，預測的誤差主要都能分解成兩個要素。第一個要素稱為偏誤，這個詞在本書中已經出現過好幾次，指的是思考方式與邏輯的偏差。

舉例來說，業務部門可能優先考慮達成業績，因此會高估需求，至於商品開發部門則以功能提升為依據，或許同樣有高估需求的傾向。但實際需求卻是由顧客或消費者的想法決定。這種思考方式的偏差就是偏誤的一例。換句話說，偏誤呈現的是在有正確答案的情況下，想法與正確答案的差距。

另一個要素則稱為變異或雜訊，指的是思考方式的差異（以下統稱為雜訊）。如同前

圖 3-5　發生預測誤差的兩大因素

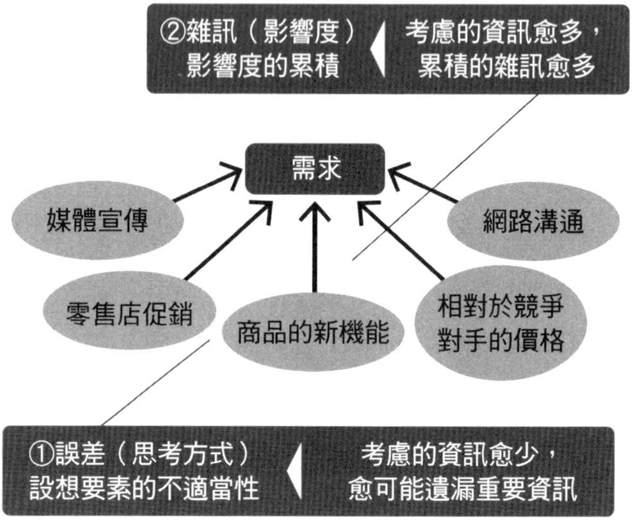

述，即使是基於方便銷售而高估需求的業務負責人，高估的程度也會因本身的個性與過去的業務經驗而異。

開頭例子中提到的媒體宣傳效果也會出現差異。即使投入相同的金額，雜誌與電視對需求的影響也不相同；而就算是雜誌，企業購買廣告版面的效果，與知名網紅業配的效果也不一樣。

統計性的數據分析，從眾多數據中勾勒出需求與其原因要素的關係性。大家往往會認為，考慮愈多要素的模型或方法精確度愈高，而這是因為數據涵蓋多個面向就能減少偏誤。

但隨著考量的要素增加，每個關係性中的雜訊也會跟著累積。舉例來說，商品價格對需求的影響，在消費稅提高的前後或許不同；而商品功能對需求的影響，也會因擁有類似功能的競爭商品數量、銷售量如何等條件而異。

換句話說，分析的數據愈多，預測精確度不一定就會愈高，用專業術語來說稱為偏誤與變異之兩難（bias-variance dilemma[108]）。為了減少偏誤而增加數據量將導致變異（雜訊）擴大，但為了縮小變異而減少數據量，則有偏誤增多的傾向（圖3-5）。

直覺超越數據的情況

在實際的商業環境中，經常需要開發具有新價值的商品，以及評估將這項商品推廣給消費者的行銷手法。雖然過去經常存在類似的商品或促銷活動，但隨著競爭對手在市場上的動向、消費者心理與促銷工具的改變，將導致需求預測的方法，也就是模型的雜訊變大。

如果考量這些因素，預測需求的可靠數據總是不夠充分。

高度的時間序列模型與多元迴歸分析等，已經有很長一段時間使用於需求預測，然而在商業領域中，依然有許多企業在需求預測方面遭遇困難。我推測原因在於這些企業都過度聚焦在預測方法的高度化，換句話說就是減少偏誤，而忽略了採取減少雜訊的對策。甚至有學術研究指出了人們過度重視偏誤的「偏誤－偏誤傾向」[109]。

我們這些商業人士，除了數據分析之外，難道沒有其他可用於預測的武器嗎？

人才招聘領域的研究[110]對此提供了一個靈感。以日本為例，假設將求職者的多益成績或大學成績等，與到職後的人事考績之間的關係進行統計分析，並採用這個模型預測其在公司內的表現作為錄用與否的判斷標準。另一種方式則是透過人力資源專家的面試判斷是否錄用。

比較這兩種評估方法錄用的人才在到職後的表現，結果發現可用的數據愈少，以後者的方法錄用的人才表現愈好。

這項研究也提供了其他啟示。值得注意的是，當數據的不確定性較高時，專業人員的直覺將勝過精密的數據分析。

像人才招聘這種資訊不確定性高的活動，數據分析的雜訊將會擴大。人的直覺與判斷能夠考量的資訊較少，在這方面反而更具優勢。

這時讓人在意的是偏誤。在通常情況下，可供考慮的資訊愈少偏誤就會愈大，預測的精確度也會降低，但專家卻能夠在資訊量少的情況下評估真正重要的資訊，因此偏誤也不會擴大。

附帶一提，在需求預測當中，新商品的資訊不確定性特別高，數據分析尤其難以奏效。新商品上市之前，必須在完全沒有銷售數據，也就是完全沒有實際需求相關數據的狀態下進行預測。如果是改版後的新商品，或許還能使用舊版商品的實績，以時間序列模型進行有效預測，但全新的商品基本上只能根據與需求的因果關係相關的數據分析進行預測。

這時雜訊造成的預測誤差就會成為很大的問題。

重點在於重現性高的流程

儘管如此，僅憑直覺進行需求預測依然是一件危險的事情。

在前面介紹的人才招聘案例中，關鍵是專業人士才具備的直覺與默會知識，能夠藉由面試這樣的流程轉換成形式知識。需求預測也同樣需要一個重現性高的流程。

除此之外，有研究指出，①整合、②選拔、③教育對於提高人的判斷力而言相當重要[111]。一個人的判斷可能會因為經驗等而造成偏誤，而結合多人的判斷就能減少這些偏誤帶來的影響，提高預測精確度。

後面將會提到，世界上有一些擅長預測的人，用專業術語來說稱為「超級預測者」（Superforecaster[112]），而現在已經知道，將這些人選拔出來參與預測流程，也能使預測更加精確。

雖然人的預測能力受到對預測根據的探究心、喜愛數字的程度等先天素質影響，但也確實可透過教育提高。接下來將介紹一個點子，能夠最大限度發揮人的預測能力。這個點子需要結合與需求預測稍微無關的作業研究（Operations Research）領域中的決策支援法。

作業研究指的是用科學方法解決問題[113]，簡單來說就是使用「合理方法」的「問題解決學」。其中也包含一般所說的「模擬」，以及其他各式各樣的手法，而這裡介紹的方法稱為層級分析法（AHP[114]）。

各位讀者當中，想必很多人都有過找房子的經驗。找房子的時候，很難立刻做出「就

圖 3-6 使用 AHP 進行預測的層級結構整理範例

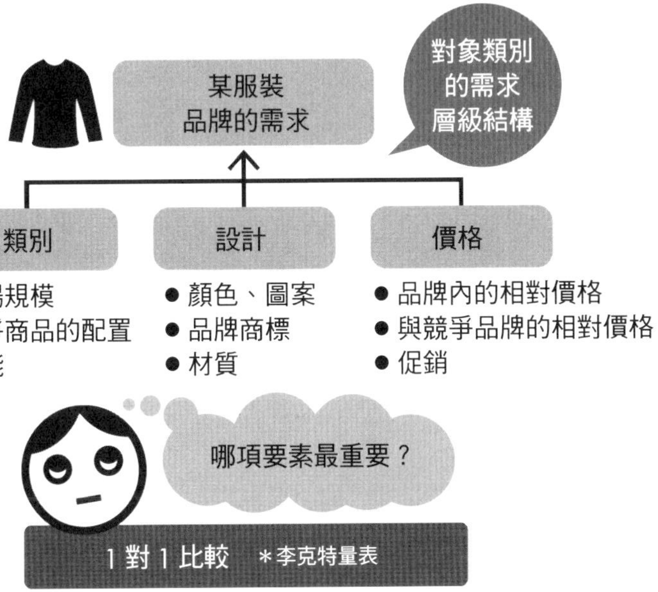

是這間！」的決定吧？這不是因為各位優柔寡斷，而是因為需要評估的條件很多，譬如房租、距離車站多遠、周圍環境、日照、距離公司多遠、附近有沒有超市等等，而且通常還有多個選項。

人類不擅長在多個判斷標準下，從眾多選項出選出一個。而AHP對於這種狀況而言就是非常方便的決策工具（圖3-6）。

使用AHP，就可以藉由反覆地進行人類較擅長的一對

圖 3-7 針對各判斷標準的選項進行一對一比較的範例

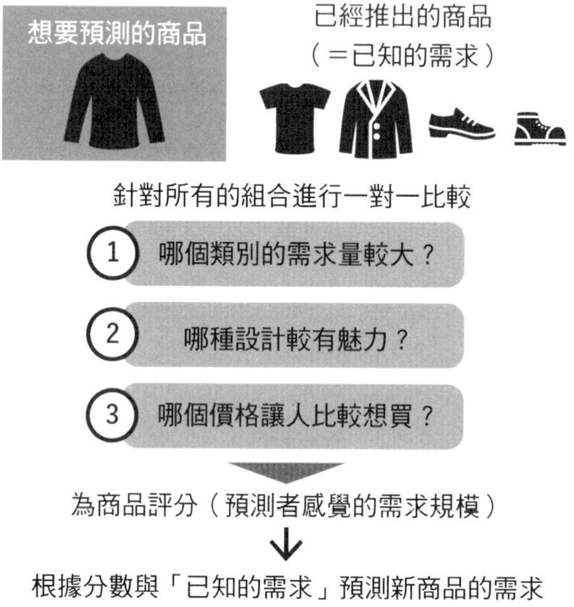
想要預測的商品
已經推出的商品
（＝已知的需求）
針對所有的組合進行一對一比較
1 哪個類別的需求量較大？
2 哪種設計較有魅力？
3 哪個價格讓人比較想買？
為商品評分（預測者感覺的需求規模）
根據分數與「已知的需求」預測新商品的需求

一比較，為各個選項評分。

以找房子為例，可以就與公司的距離這項標準，進行A物件與B物件的比較。這麼一來應該就能在幾秒之內做出判斷吧？接著透過數學計算[115]為一對一比較的結果評分（圖3-7）。

根據我的想法，將這個方法應用在需求預測時，需要鎖定大約三個對需求的影響特別大的評分標準，以及大約四個想要預測的商品及已經上市的現有商品作為選項。

這時重要的是評分標準的設定。如果缺乏專業人士對於想要預測的市場類別與消費者的深入見解，在設定評分標準時將會偏離重點。用前面介紹的專業術語來說就是偏誤會變大。以找房子為例，如果評分標準大致來說都是電梯的有無、與便利商店的距離等，而沒有將租金與便利性考慮進去，這樣的模型就無法做出令人滿意的決策。

這個預測模型，已經刊登在全球四萬名以上需求預測專家隸屬的美國組織[116]的期刊上[117]，如果讀者對於更詳細的方法感興趣，請參考日文版的拙作[118]。

需求預測的直覺

這個應用AHP的需求預測模型，在消費品、零售、服務等多個業界超過數十例的案例中，都呈現高過於根據傳統數據分析方法的精確度。

舉例來說，在消費品領域存在誤差率的目標水準，而這個目標水準取決於生產與調度的前置時間。如果預測的誤差率低於一定的值，那麼預測準確率就達到不會導致缺貨或庫存過剩的水準。AHP模型在達到這個水準的新商品數量方面，精確度超過運用多元迴歸分析與市場調查的預測方法。

如果想利用這個堪稱直覺型的預測模型達到較高的精確度，就必須注意以下兩點。

1. 根據需求的因果關係設定 AHP 的評分標準。
2. 以數字評斷預測者的直覺，只取分數達到一定程度以上的人的預測值進行平均。

關於第一點已經介紹過，評分標準由熟知想要預測的商品的市場與顧客的商業專家設定，這麼一來就能極力減少誤差。

這裡想要聚焦在另一點上，那就是評斷預測者的直覺。

整合多名預測者的感覺，是應用 AHP 的預測模型的其中一項特徵。在此再度以找房子為例，如果是全家一起找，孩子可能會重視屋子的大小，但上班的父母則會重視交通便利性。雖然各自覺得重要的因素不完全一致，但在計算時，大家都認為重要的因素就能得到較高的分數。反之只有一個人覺得重要的因素，分數就不會太高。

在需求預測當中，市場的反應是正確答案。個人直覺與市場反應之間的差距就是偏誤，將會誤導預測，因此整合多名想法各異的預測者的感覺，就能提高預測精確度。說得更極端一點，聽取所有顧客的意見，就能反應市場（圖 3-8）。

圖 3-8 集體預測接近市場反應

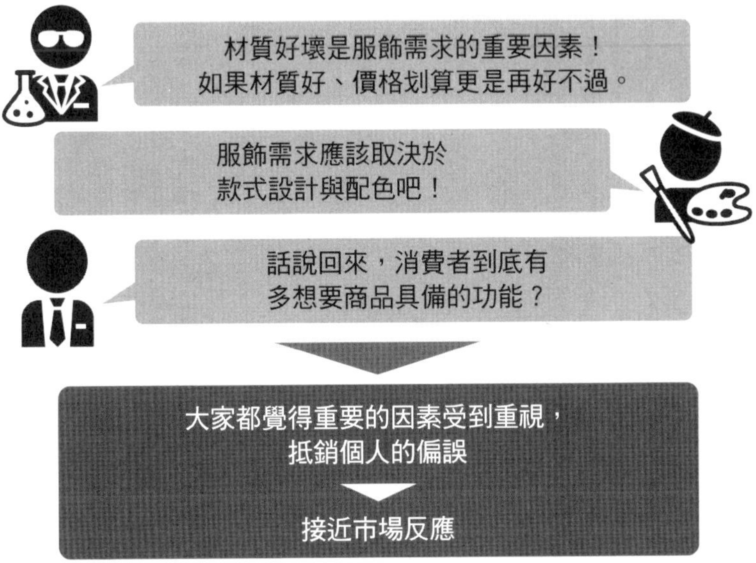
材質好壞是服飾需求的重要因素！
如果材質好、價格划算更是再好不過。
服飾需求應該取決於
款式設計與配色吧！
話說回來，消費者到底有
多想要商品具備的功能？
大家都覺得重要的因素受到重視，
抵銷個人的偏誤
接近市場反應

此外，將AHP預測模型的精確度高低與各種研究見解整合，就能選拔預測者。這並不是AHP本身公開的特徵，而是在將AHP作為需求預測模型的方案中首度出現的概念。

前面已經說明過，如果使用AHP，除了新商品之外，也會對已經推出的商品打分數。這個分數是對大幅影響需求的要素進行評分的結果，因此可說是表現出預測者心中認為的商品需求量大小。

當這個分數與已經銷售的商品實績不符，就能推測新商品的分數

圖 3-9 AHP 需求預測的預測者選拔

		現有商品 A	現有商品 B	直覺的好壞
透過 APA 計算的分數	預測者①	0.3	0.7	○
	預測者②	0.8	0.2	×
	預測者③	0.4	0.6	◎
實際的需求（過去推出時等）		1000 個	1500 個	↓ 排除預測者②

排除 AHP 計算
的各商品分數
與實際需求不符的預測者

預測者②的 AHP
為 A > B，
但實際需求
卻是 A < B

市場反應能夠選出感覺準確的預測者

也缺乏可信度。因此，評斷新商品的AHP分數與營收實績之間的整合性[119]，藉此掌握預測者的直覺好壞，就能篩選預測者。

在運用集體智慧的需求預測當中，個人偏誤（個人的直覺與市場反應不符）就會成為雜訊。

若預測者之間沒有溝通[120]，那麼以平均等整合預測就能將偏誤縮小，而藉由選出直覺靈敏的預測者，就能將預測精確度更加提高（圖3-9）。

套用AHP的預測模型，或許是能夠用數字將個人偏誤視覺化的少見案例。

總而言之，使用ＡＨＰ的需求預測模型，具有將人的預測精確度提高的「整合」與「選拔」這兩項特徵。此外，回顧預測結果，與相關人士討論其背後的需求因果關係，也能夠磨練預測者的直覺。這符合另一項提高人工預測精確度的要素「教育」。

可以想見日後的商業環境將會變得更加不確定，傳統使用數據與資訊的預測手法，精確度可能會隨著雜訊增加而下降。

而我認為這裡介紹的，運用專家直覺的預測手法，或許就會成為新的突破口。

第3章重點

- 不只個人需要培養需求預測技能，擁有需求預測技能也能成為組織中長期的競爭力。
- 使用管理理論解讀組織問題，更容易想出有效的解決方案。
- 業務部門與製造部門的衝突，是許多業界都很常見的代理人問題。
- 均衡地提升①數據、②方法、③系統、④績效管理、⑤組織、⑥人才這「6項要素」，就能使需求預測更加高度化。
- 資訊不確定性高的條件下，開始出現專業人士的直覺勝過精密的數據分析的研究結果。

Chapter 4

利用需求預測勾勒出未來的商業模式

——創造超越預測的需求

4-1 控制供需的模型

案例 11

「我今年在消費品製造商被調到負責需求預測與庫存管理的團隊。旗下的各個品牌提出了庫存金額目標，我於是去確認了這些目標的依據，但得到的答案卻只有相較於去年改善了5%，具體的依據卻不明確。這樣根本無法制定行動計畫。話說回來，庫存目標能夠像時間序列預測那樣，根據過去的變化來制定嗎？」

解說請看P155、P158～164旁線的部分

關鍵字 庫存周轉率、DOS、戰略庫存

從重視效率轉變為重視持續性的庫存管理

庫存問題對於製造商與零售業而言非常重要。因為庫存除了商品本身的成本之外，保管、輸配送與管理都需要花錢[121]。

但另一方面，二〇二一年受到新冠病毒疫情影響導致半導體缺貨的情況下[122]，多虧事先準備庫存才得以持續事業的企業獲得優勢。在商業領域的注意力從重視效率的精實（Lean），逐漸轉向重視持續性的恢復力（Resilience）時，這就是庫存的功能令人刮目相看的一個案例。

庫存總是成為許多業界的課題，因為必須採取的行動將因當下的事業環境、企業的生命週期、戰略等而改變。雖然需求預測的統計模型與AI的應用也是如此，但如果還能夠靈活地調整庫存平衡，就會成為競爭力。

許多企業都設定了營收、營業利益、ROE[123]、ROIC[124]等的目標。但除了這些之外，也有許多企業設定了與庫存有關的庫存周轉率及交貨率（Fill rate）的目標。

庫存周轉率顯示的是保有的庫存在一年當中周轉幾次，這個數字愈高，意味著愈能夠以少量的庫存進行有效率的作業。

這個數字的倒數，則被稱為庫存月數或天數（DOS）[125]，是顯示持有的庫存量相對於營收規模的指標。如同前述，這些數字並非愈高或愈低愈好，而是存在符合事業規模的適當水準，將數字維持在這個範圍內變得相當重要。

大家往往以為庫存天數愈少，事業的經營效率愈高，但實際狀況說不定是頻繁缺貨，導致業務與銷售的第一線因此而焦頭爛額。

庫存天數因生產與調度的前置時間而有很大的差異，到底幾天較為適當很難一概而論。不過在日本，生產的前置時間長達數個月至半年左右的業界，販賣的商品數量通常多達成千上萬，如果低於一百天，提供給客戶的服務水準可能就遠遠趕不上競爭對手。

因此庫存天數、周轉率、交貨率與缺貨率等評斷服務水準的指標必須一起監測。

許多書籍中都介紹了庫存的作用與評估的指標，卻幾乎沒看過有書籍提到實際上該如何計算出適當的庫存。雖然很難跨行業提出統一且具體的數字，但本單元將介紹一個設定庫存目標的想法。

有計畫的庫存——理想的庫存計畫模型

在思考庫存目標之前，先就庫存如何產生進行整理。庫存有多種類型，例如：

- 因商業模式的關係，在某種程度上必須準備
- 因戰略而刻意準備
- 因作業關係無可避免會產生

將這些累積起來，就能計算出各個公司的理想庫存。

此外，庫存的必要規模基本上會根據營收而增減。所以我接下來提出的庫存計畫模型，將不是根據金額擬定而是根據天數擬定。可以將這個目標與營收相乘換算成金額，如果期間內的預估營收發生改變，庫存目標也可配合調整。這麼一來就能配合營收進行成本控制，這也是規劃庫存天數的理由。

當然，對於許多業界來說，就算在十一月修改預估營收，也很難在十二月底之前調整

庫存，還需要考慮生產、調度的前置時間。

1. 循環庫存

首先是因生產與調度的作業循環而不可缺少的循環庫存。舉例來說，每天訂貨的零售店，一定需要一天份的庫存；至於每月擬定生產計畫的製造商，則需要一個月份的庫存。換言之，在下次訂購或生產之前，必須隨時保有能夠銷售的數量。

2. 安全庫存

根據過去的需求變動而額外保留的庫存。愈是難以準確預測需求的商品，就需要愈多的安全庫存。此外，訂購與生產的前置時間愈長，需要的安全庫存也愈多，因為這段期間的預測誤差將會累積。但也不是單純累計，誤差有正有負，理論上應該乘以前置時間的平方根計算[126]。而安全庫存的前提是，需求與誤差有類似的上下波動[127]，因此請根據各公司的實際狀況估算，不要盲目套用。

這兩種屬於廣為人知的庫存，也有光憑這兩種庫存就計算出理想庫存的企業，但只有這樣是不夠的。

3. 批量庫存

當生產與調度的最小單位（MOQ[128]）相對於需求而言規模相當大的時候，就會產生批量庫存。舉例來說，每個月只能賣出五百個的商品，MOQ是五千個的時候，一口氣就需要保有十個月份的庫存，而這就是批量庫存。MOQ取決於與商品或原料的供應商之間的合約，量愈多花費愈低，也就是成本愈低，因此如果過度關注這個部分就容易產生批量庫存。

決定MOQ與進貨價格時也需要應用需求預測，但實際上也會發生從反方向預測需求的狀況，換句話說就是「為了壓低成本，必須有這麼多的需求」。如果是這種情況，最後將會導致利潤因管理批量庫存的費用而降低，因此決定MOQ時最好透過通盤考量。

如果是庫存計畫稍微仔細一點的企業，在設定目標時或許也會考慮批量庫存。

4. 戰略庫存

戰略庫存和安全庫存一樣，是根據需求變動而設定的庫存，至於與安全庫存之間的明確差異，則在於戰略庫存是先假設未來的需求變動再依此設定。安全庫存所參考的終究是過去的需求變動實績，因此設定時以未來也會發生同樣的變動為前提。至於戰略庫存參考的前提則是情境分析中的範圍預測。

舉例來說，疫情結束後，訪日旅客以多快的步調恢復具有相當高的不確定性，過去也沒有類似的案例。因此針對訪日旅客數的恢復設定幾個情境，並預測各個情境的需求。

這時以因果關係為基礎的因果模型就變得相當重要。因果模型整理出需求背後的多項要素之間的關係性，如果其中一項變數是訪日旅客數，那麼只要改變輸入的值就能得出不同的預測值。如果企業重視的是一個簡單易懂的數字，很難有這樣的發想，然而在不確定性高的業界，這種思考邏輯就能產生高度的競爭力[129]。

除了未來的市場環境的變化之外，考慮預定實施的全新促銷方案的範圍預測等也有效果，像這種根據預測的需求變動來規劃庫存的概念就是戰略庫存。

提出這樣的方案需要高度的需求預測技能，不是隨便一家企業就能夠立刻引進。此外還需要定期執行PDCA，持續更新對象產品與庫存計畫。

當然，安全庫存與戰略庫存應該分別應用在不同商品，而非針對同一項商品準備兩種庫存。戰略庫存能夠覆蓋只靠循環庫存與安全庫存無法考慮到的未來需求變動，因此熟練運用就能創造出高度競爭力。

應保有的庫存＝循環庫存＋其他任一類型的庫存。

實際產生的「應設想庫存」

這四種類型的庫存，都能夠分別計算出應保有天數（參見圖4-1）。

循環庫存取決於作業週期，安全庫存則能夠根據過去的需求及預測誤差計算。而如果能夠管理不同商品的需求規模與MOQ，批量庫存也不難算出。戰略庫存雖然需要範圍

圖 4-1 各種庫存與適用商品

庫存種類	適用商品	日數的估算方式
循環庫存	所有商品	配合作業循環
安全庫存	批量庫存、戰略庫存不適用的商品	根據過去的需求及預測誤差的差異與前置時間計算
批量庫存	需求規模比 MOQ 小的商品	根據需求規模與 MOQ 計算
戰略庫存	促銷對象 · 主力商品	評估範圍預測與各情境的缺貨及庫存風險決定

預測以及基於範圍預測的庫存評估，但只要具備本書介紹的預測技能就做得到。

無論哪種商品，「應保有庫存」都是循環庫存加上其他三種庫存中的任何一種。

但庫存計畫只有這樣是不夠的，因為到此為止介紹的方法，只能計算需求預測完美命中時的庫存。

但現實的事業經營必定會產生誤差，這時就會出現需要預先設想的庫存，而不是規劃好的庫存。

5. 預測誤差導致的庫存

實際銷售數量小於預測數量，就會產生多餘的庫存。當然，可以在發現時透過減少下次生產或訂貨的數量進行調整。

但並非所有商品都能隨時停止明天的生產，只能調整生產前置時間後的產量。因此這段期間不僅必須管理因預測誤差多出來的庫存，預測誤差也會逐漸累積。當然，如果實際銷售數量有時候也會多於預測就能互相抵銷。但無論如何，預測誤差一般來說都會打亂庫存計畫。

預測誤差與庫存的關係[130]，將隨著企業的生產、調度前置時間，以及安全、戰略庫存的保有數量而改變，因此建議先評估自己公司的預測精確度。

6. 停售時的剩餘庫存

除此之外，通常也會有一些商品因新商品上市或需求減少等理由而停售。如果與客戶簽訂的是庫存清空即結束銷售的契約就能夠減少庫存，但如果採取的是以新商品取代舊商品的商業模式，就很難將庫存減少。

許多業界在停售時都會產生剩餘庫存。為了精確預測停售的時機，或許有必要將新商品的上市計畫納入考量，因為這是舊商品停售的主因，也需要提前取得隔年的停售計畫並進行評估。

至於食品，也可能因為保存期限的關係導致無法販賣並產生剩餘庫存。即使不是食品，零售店或批發店也經常會在停售時退貨。不過，如果能夠即早攤銷，或許就不需要作為庫存計畫考慮。這個部分必須配合商業模式調整。

7. 去年留下的剩餘庫存

有時也會出現去年留下的剩餘庫存，譬如受新冠病毒疫情影響而突然產生的過多庫存等。庫存計畫也必須把這點考慮進去。

制定庫存目標時考慮到這點，並不是為了強調這些庫存無可避免，而是為了想辦法將必須盡早消化的庫存量具體表現出來，一旦以視覺方式明確表現，就能思考該如何消化，並且反映在庫存計畫中。

有些業界也需要考慮除此之外的其他因素。

舉例來說，如果在期初推出大型商品，就必須先在前一期的期末準備好庫存，這些也必須納入庫存目標評估。在許多業界當中，很少有企業以這麼精細的粒度分解並擬定庫存計畫。

圖 4-1 各種庫存與適用商品

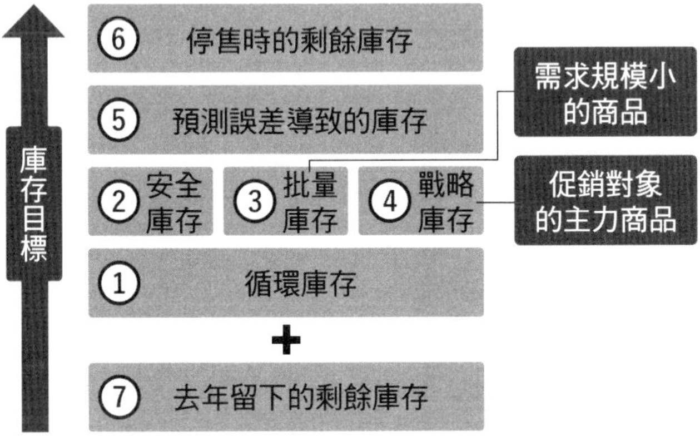

將庫存種類區分得如此精細，考量各種庫存產生的主因並擬定計畫並不容易。但這種依照庫存類別計畫的模型有很大的好處，那就是容易評估該採取什麼行動控制供需。

設計控制供需的行動

將庫存計畫依照類別化為數值，釐清各庫存類別的定義與產生的主因，就能夠具體思考控制供需的行動。

尤其是在後半部說明的應設想庫存。實際上必須根據品牌、類型、事業（國家）等擬定計畫，考慮各自的商品數、新商品的營收占比、目前的庫存狀況、市場的供給戰略、海外的採購比例等等。

舉例來說，根據 Bias 計算因預測誤差而產生的庫存。包含 MAPE 在內的預測精確度指標，除了依品牌或類別管理之外，也可根據商品的生命週期進行管理，譬如是新商品還是推出超過二年的商品等。

這是為了針對過去的 MAPE 或 Bias 較高（精確度差或是偏誤幅度大）的領域，思考該採取什麼行動、改善到什麼程度。第3章診斷需求預測水準的架構也提過，改善預測精確度有各種不同的切入點，行動的優先順序將因業界與現狀而改變。因預測誤差而產生的庫存目標設定，如果與需求預測水準的診斷架構一併評估將能有效改善。

除此之外，也針對去年留下的過剩庫存具體評估該採取的行動。如果商品仍在保存期限內，可推測明年的需求必定會減少。同時也能具體看見哪些商品的庫存即使依靠明年的需求也無法消化，對於這些商品就必須思考進一步的行動。而這時採取的對策，想必會因業界及企業而有很大的差異。

舉例來說，在精品服飾或化妝品領域，降價以刺激需求的行動有可能損害品牌形象，因此難以執行。

反之，低價日用雜貨則採取根據需求改變價格以促進庫存消化的行動，稱為動態定價[131]。不久之前服務業也開始應用這樣的策略，譬如運動賽事或主題樂園等[132]也根據客流量預測改變票價，藉此提高設備的運用效率。

除此之外，設定庫存目標時，還必須就提供給顧客的服務水準、競爭者的水準、企業過去的水準等整體感來思考。

在此根據累積模型的計算結果、巨觀角度的庫存水準與平衡等考量，評估戰略庫存的對象商品。在某些情況下，可能需要減少批量庫存，因此或許也必須重新評估MOQ，關於這點如同前述，也必須考慮MOQ與成本上升之間的平衡。

由此可知，評估控制庫存的具體行動時，考慮的不只是從過去到現在的變動，還必須依類別劃分庫存，整理各種庫存產生的主要因素並運用擬定的模型。

這裡所關注的不只是庫存，還包含預測精確度與服務水準等，藉此評估該如何控制供需，協助企業擴大營收及營業利益。庫存日數計畫模型的實際設計，必須根據業界、企業的特性進行考量及調整，所以這裡刻意寫得較籠統，並未詳細介紹。

希望各位能夠參考這個將庫存分門別類整理出產生的因素，並依此評估具體行動的發想。

圖 4-3 根據庫存類別評估減少行動的範例

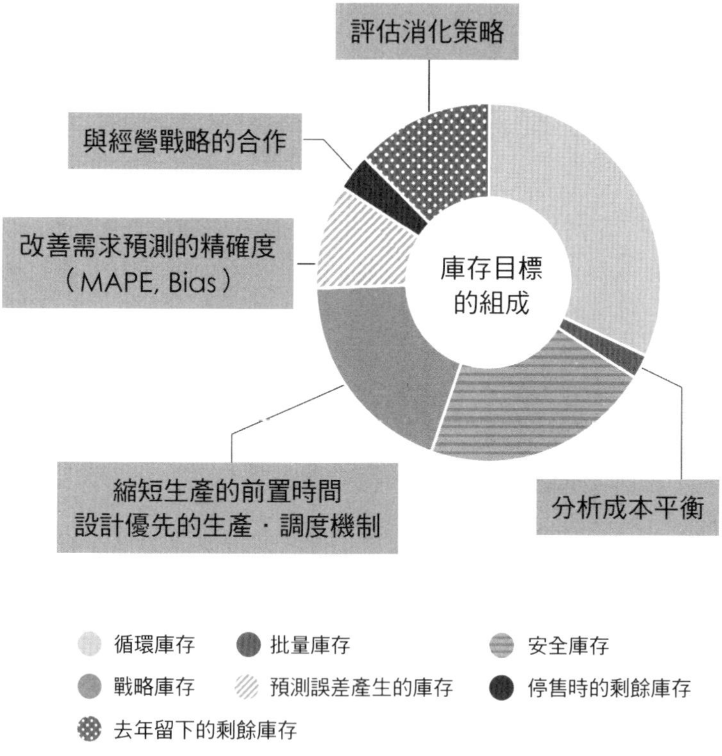

根據庫存種類評估具體行動

4-2 預測對象從商品到顧客

案例 12

「想買的書在某電商平台打了9折。最近身邊的人都在討論這本書，所以我把打折的消息告訴旁邊的同事，但同事卻沒有看到折扣。這個平台甚至沒有顯示過去根據消費金額提供的優惠。這是誰送給我的禮物嗎？讓人有點不太舒服……」

解說請看 P175 旁線的部分

關鍵字 ID-POS、顧客別需求預測、市場最佳化

隨感測結果改變的需求預測

過去的需求預測模型以較大的粒度為對象，譬如某個市場全體，或是以月為單位等。因為需求預測採取的主要方法是統計學，正如同第1章的介紹，預測的粒度與區間愈大就愈精確。

因此需求預測領域的AI應用，愈來愈專注於區間較小的日單位預測，或是範圍較小的特定區域預測。這或許是因為必須考慮的要素愈多愈繁瑣，人力就愈難以負擔，因此AI的優勢就更加值得期待。

這時數據的感測就變得相當重要。這項技術的進步，幫助我們能夠檢測工廠及物流中心的製造與作業工程的異常值，並實現進度的可視化。

而在市場方面，隨著電商的營收擴大，每一位顧客的購買行為也逐漸能夠連結到其屬性。除此之外，企業也開始將資源投入到能夠將電商與實體店鋪的購買連結起來的CRM[133]當中。

這也被稱為全通路（Omni Channel）化[134]，其目標是無論顧客在哪裡購買，都能夠整合點數、確認過去的購買歷史等，享受無壓力的體驗。而對於製造商與零售業而言，也能夠藉由整合瑣碎的資訊，進行更有價值的數據分析。

數據是提高需求預測精確度的一項重要因素，而在數據方面，能夠運用POS資料增加競爭優勢[135]。不是只憑出貨數據預測，而是藉由分析接近消費者需求的POS資料，更確實地掌握需求實際情況。

但POS資料的缺點在於以商品為中心，只能顯示在什麼時候，購買了哪項商品。但如果將POS資料與上述的顧客資訊連結，就能掌握商品是由什麼樣的人購買。這稱為ID-POS，擁有比POS資料更豐富的資訊，不只用於需求預測，也開始被用於行銷。

運用這些數據時，需要來自兩方面的發想，分別是以數據為起點的發想，也就是如何運用隨著技術進步而能夠取得的新資訊，以及以分析為起點的發想，也就是從想要進行什麼樣的分析及預測，思考該感測哪些數據。

不斷地重複這樣的思考循環，持續思考能夠使用更多的數據創造哪些商業價值想必就能成為競爭力。

統計的觀點能夠提高預測精確度

我認為預測可以視為相似性判斷。行為經濟學的研究結果[136]也支持這點，為了提高預測精確度，根據過去類似案例的平均水準來思考是個有效的方法，這屬於統計的觀點，用行為經濟學的專業術語來說稱為基準比。

舉例來說，在預測新商品的需求時，除了依靠對部分消費者的調查結果，以及促銷活動的預期效果等進行預測之外，如果能夠參考在特徵上（功能、品牌、價位、顏色及口味等）、銷售通路上、促銷活動的內容與規模等類似的基準商品的銷售實績，就能提高精確度。

我稱這個方法為基準預測，換句話說就是在預測時，不能忽視基於相似性判斷的統計資料。實際進行需求預測時，除了基準預測之外，也必須考量未來的計畫性要素。

第2章曾介紹過我參與開發的新商品需求預測AI的案例，這個預測AI就是以商品及行銷的相似性分析為基礎。該AI的學習方法採用機器學習，其中運用最多的演算法就是決策樹。

決策樹採取的是根據相似性進行分類的邏輯。其方法大致來說是根據品牌、所屬類別、價位水準、行銷投資規模的等級等各種不同的切入點，針對過去推出的大量商品進行分類。接著依照新商品的屬性與實施的促銷活動，將其歸類到其中某個類別，並參考這個類別的需求規模來預測新商品的需求。

多元回歸的演算法也經常採取集成組合，這也是以需求的因果關係相似為前提，使用同樣的要素進行預測。

使用於這些相似性判斷的是商品特徵、促銷方案，以及反映市場狀況的各個項目。「市場狀況」指的是包含競爭品牌在內的同類別商品的市場規模、最近的訪日旅客數，如果在疫情期間也包含新確診者數等。

ID-POS 的數據感測除了這些之外，也加入顧客層面的相似性判斷。較容易想像的應該是 Amazon 的推薦系統吧？

註冊的顧客資訊包含各種不同的項目。從出生年月日可以知道年齡，從地址也能得知居住區域。雖然不清楚年收入，但可以分析在不同類別的支出傾向。除此之外也能知道購買頻率與最近的消費。這所有的資訊都作為一個人的 ID 管理，因此可以評估顧客間的相似性。而將顧客相似性與商品相似性結合，就能根據顧客的類型分析偏好（圖 4-4）。

圖 4-4　從顧客屬性的相似性預測書籍的購買

屬性	顧客 A	顧客 B
年齡	40 多歲	40 多歲
職種	音樂業界	電視業界
每年購買書籍的金額	3 萬日圓	4 萬日圓
購買頻率	每月 1 次	每月 1.5 次
最近購買的時期	上個月	上週
喜歡的類別	音樂・娛樂	音樂・經濟

各種屬性的相似性愈高，愈容易購買類似書籍？

這時也如同第2章的2-2提到的，基於商業專家的知識建構的數據將產生競爭力。以化妝品為例，膚色分成藍底與黃底。據說透過膚色基底的傾向與面孔屬於成熟還是稚嫩的組合，就能得知適合的彩妝色調[137]，將每位顧客的膚色與面孔類型的資訊與ID-POS結合，也能進行更加深入的市場分析。

部分化妝品廠商開發了能夠更仔細測量肌膚的工具，能根據肌膚類型等進行分類，今後或許可將這些數據作為大數據分析，而這樣的想法與技能，想必將成為競爭力。

像這樣以 ID-POS 為基礎，就能思考該推薦什麼樣的商品給某位特定顧客。除了電商之外，當實體店鋪的購買行動也能與 ID-POS 結合，新商品的需求預測就能加入新的以顧客為基準的相似性判斷。

從個數預測到機率預測

當需求預測加入顧客的相似性判斷，其方法就變成分別預測每一位顧客是否會購買該項商品，再將結果相加起來。但必須注意的是，這個方法以 ID-POS 為前提，因此新註冊的會員就必須另外估算需求。

不過近年來，各種點數卡成為主流，而且這樣的案例不只存在於單一連鎖企業，也有跨業界的協作，可以說 ID-POS 在許多業界都變得相當完善。尤其在能夠看見顧客面貌的品牌業界，創造出新價值的可能性更高。

這時新採用的觀點就是機率預測。意思是分別預測每一位消費者有多少百分比的機率會購買該項商品。基本上機率超過50%就能視為「購買」，並計算出預測值。將這個預測結果與過去的銷售實績進行比較，就能評估模型的預測精確度，而必須注意的是預測失準的商品。不只AI，無論是時間序列模型的預測還是因果模型的預測都一樣，關注預測失準的商品就能帶來新發現。

假設使用超過50%的顧客人數進行預測的值[138]比過去實際銷售量要少。為了解釋過去的銷售量，只好將機率調降進行調查，結果發現降到20%才合理。

於是我們就發現，只有這項商品也有不少購買機率20%的顧客購買。或許在考量這項商品的特徵，或是當時的促銷活動時，就能發現大幅提高購買機率的重要關鍵。

時間序列模型也一樣，當過去的預測值與實際銷售量相差甚大時，能夠以發生某種特殊事件解釋，這是需求變動誕生的要素，因此可由此獲得洞見。

因果模型也是相同的，如果出現過去銷售成績無法說明的商品，能夠藉由考慮需求的背景，鎖定新的必須評估的因素。

建構預測模型不只是為了追求精確度，也能夠有效地使用於發現這些異常值（Anomalies），也就是大幅偏離合理狀況的值[139]。異常值在進行預測時是修正或排除的對象，但在分析時卻是必須關注的重點，這當中或許存在新需求的背景。

利用機率進行預測，能夠使這樣的分析更加深入。甚至還能根據機率預測，將行銷投資最佳化。

提高ROMI的AI預測

ROMI[140]是評估行銷投資報酬率的知名指標。

ROMI將時間價值也納入考量，不同於投資報酬率ROI，將未來可獲得的現金流的價值在現階段估得較低，同時也考慮到投資需要多長的期間才能回收。用具體的財務指標來說，包含了NPV、IRR和投資回收期這三種。這些細節超出了本書的範圍，如果想要仔細學習的人，請參考針對商業人士撰寫的解說書[141]。

一般認為，以ROMI驗證行銷效果時，重要的是知識管理與敏感度分析，這其實與需求預測相同。

正如同本書所述，商業領域的需求預測是決策，即使運用AI，最後還是得依靠人力判斷。這個判斷的基準是預測結果，而為了提高預測精確度，第2章2-1中也介紹過的知識管理[142]就非常重要，換句話說就是知識的創造、累積及應用。

此外，敏感度分析與情境分析中的範圍預測類似，是一種模擬當模型中的各種條件改變時，行銷效果與需求預測會產生什麼變化的方法。

根據ROMI的概念，重點就在於如何在短時間內，盡量創造出相對於投入的行銷宣傳費用而言最多的現金流。

在新商品的宣傳中，今後使用ID-POS進行的分析將會越來越多。換句話說就是思考對什麼樣的人採取什麼方法才能吸引他購買商品。這時前面提到的，以顧客為基準的需求預測AI就能發揮作用。

這個AI預測模型將會預測每位顧客的購買機率。接下來就將儘管購買機率不到50%，但也達到30~40%的顧客，與購買機率只有個位數或10%左右的顧客區分開來。這麼一來就能明確看出有限的行銷投資應該用在哪裡（下一頁圖4-5）。

此外，將宣傳內容仔細分類並標記，作為數據累積起來，或許就能分析每位顧客對於宣傳的敏感度（反應程度）。這也是數據感測的一例。

圖 4-5 以顧客為基準的需求預測 AI 提高 ROMI 的示意圖

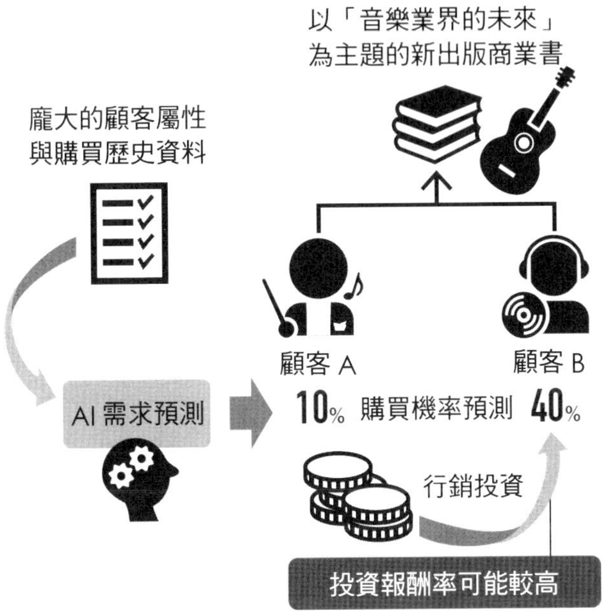

數據感測在需求預測中的重點在於，不能只是系統性地蒐集瑣碎數據，還必須根據需求的背景定義新型態的數據並開始蒐集。

這裡介紹的以顧客為基準的需求預測AI的創新之處，就是不只預測需求，還能用來創造需求。

過去的需求預測分為兩種方式，一是基於客觀數據分析的Demand Forecasting，另一種是以此為基礎思考未來計畫的 Demand Planning[143]。

雖然新商品的機率預測 AI 只是一個想法，然而當 AI 能夠提供這樣的啟發時，根據預測創造需求的概念 Demand Creation，想必將能為企業帶來競爭力。

不只我在這裡提出的，以顧客為基礎預測新商品需求的機率預測 AI，鎖定行銷目標、零售店的動態定價、商品特徵與行銷效果的關係分析、新通路的開拓等也都開始使用需求預測 AI[144]。而能夠主導這一切的，就是精通客戶、市場與商品的商業專家。

4-3 創造「未來消費」的需求預測

案例 13

「某位高級品牌的行銷人員，在疫情期間的春天，提出了重新配置護手霜的方案。他主張當大家開始重新看待洗手的習慣時，應該再次推廣護手霜的價值。他們委託的需求預測專業團隊，分析了包含競爭品牌在內的各品牌護手霜需求數據，但春夏是淡季，高價位護手霜的參考數據也非常少。當營收受疫情影響而下滑，多餘庫存也逐漸增加的情況下，是否該建議他延後這項投資呢？」

解說請看 P186、P187 旁線的部分

關鍵字 二次混沌系統、意義建構理論、需求創造

預測改變未來

如果說「預測能夠改變未來」，各位會怎麼想呢？

聽起來似乎是某種可疑的理論，但實際上在經營學的研究中，也開始出現未來能夠改變的見解。本單元作為本書的結尾，就來介紹靠著需求預測創造未來事業的概念。

初始條件稍有不同就會導致結果大幅改變的環境稱為混沌系統[145]。商品和服務的需求，除了自家行銷活動之外，也受到競爭對手的商品配置、網紅提供的資訊帶給顧客的心理變化、自然災害與疫情等外部環境變化、供應鏈的供給限制等各種條件的影響。接下來我將把需求也視為一種混沌系統。

據研究指出，混沌系統有兩種類型[146]。一種是天氣或地震等，即使人類做出預測未來也不會改變的類型。另一種則是政治、災害和交通堵塞等，這時只要做出預測就有可能改變人的行動，進而改變未來。前者稱為一次混沌系統，後者稱為二次混沌系統。商業的需求預測，或許也具備二次混沌系統的面向。

紐約聖約翰大學的 Chaman L. Jain 教授，進行了許多關於需求預測研究，並寫成論文

圖 4-6 二次混沌系統

壅塞預測
災害預測
好像會塞車，
是否該提早出發呢？
事先採取
對策吧！
預測將改變人的行動，
進而改變未來
要賣得這麼好，
該怎麼做呢？
新商品的需求預測

及文章發表於專業期刊上，而他在這些文章中定義需求預測既不是目標也不是業績[147]。

但新商品與促銷主力商品的需求預測，尤其需要與行銷或業務負責人、財務部門等共享資訊，考慮各種行動的效果，因此無法完全脫離目標也是事實。商品的需求預測與作為企業的事業計畫目標雖然是兩回事，但如果兩者大幅背離，也有被視為操作利潤的風險[148]，因此也必須在一定程度上整合。

以新商品的需求預測為例，假設先由需求規劃師根據統計的觀點做出基本預測，再由行銷人員考慮宣傳活動的效果向上加成。在這個過程中，就會向財務部門確認新商品在整個品牌營收計畫中的占比等事項。

如果這時發現未達成品牌的目標，或許就必須重新檢視促銷活動的內容。促銷活動可能依地區提出並執行，這時該地區的業務負責人就必須思考如何達成計畫。

換言之，業務第一線的行動建立在提出的需求預測之上。從這一連串的過程可以發現，需求雖然不是根據目標或業績預測，但仍具有參考這些來組織行銷行動並做出數字的一面。

第2章以需求預測AI為例，介紹提高精確度與在實務中應用的想法，但即使預測精度提高，依然無法單純地取代現在的需求預測，這是因為我們考慮到二次混沌系統的面向。

與其磨練數據分析不如動起來！

不只是新商品的需求，前面也提過，當發生像疫情這樣的劇烈環境變化時，就算使用統計學或AI，需求依然很難預測。

加入影響需求的新要素時，預測方法的偏誤，也就是思考的精確性確實會下降。此外，關於各項要素在新環境下如何影響需求的資訊少之又少，因此各影響度的雜訊，也就是差異度將會增加，這也是導致預測精確度變差的主因。

而各位也必須記住，「客觀的無知」原本就存在，未來總是有無論如何都難以預測的變化。即使運用AI或高度的統計學，也無法準確預測下一次的疫情或自然災害何時會發生、規模有多大。在資訊不確定性高的條件下，必須意識到即使運用高度的數據分析技術，對於預測精確度的提升也有限。

實際上很多企業都認為，比起已知銷售成績的現有商品，上市前的新商品更難預測需求。

正如第1章1-2所介紹的，全球各個行業的需求預測誤差率雖然因商品而異，但對於幾個月後的預測，誤差大約落在30%左右。相較之下，據說新商品的誤差率則高達50～80%[149]。根據我所看過的情況，非促銷對象的現有商品，即使是幾個月後的預測誤差率也經常只有個位數，資訊不確定性高的新商品果然給人非常難以預測的印象。

但我不贊成在這時候將過多的資源分配給包含需求預測系統、流程與人才招聘在內的技能強化。正如開頭所提到的，新商品的需求預測具有受到二次混沌系統、也就是目標影響的面向，可依此組織行銷與業務領域的行動。目標是獲得比過去更多的銷售額與市占率，而這樣的目標最後應該能帶動需求。就這層意義來看，需求預測可說是主導企業成長的因素。

事實上，研究結果[150]顯示，在環境不確定性高的情況下，與其花太多時間進行精細的數據分析，不如先採取行動更有效。這稱為意義建構理論（Sense-Making Theory），即使在不確定的環境中，也能透過令人信服的故事來達成共識與團結，總而言之先動起來就成為創造出競爭優勢。

用開頭的例子思考，高級品牌在夏天推出護手霜是過去不太有人嘗試過的挑戰，即使蒐集相關數據，對於需求預測也很有可能幫助不大。然而在因疫情而重新看待洗手習慣的情況下，推廣護手霜防止手部乾裂的價值就是個具有高度說服力的故事。

這時就先根據大致的需求預測[151]準備商品並推出，而立刻感測實際銷售數據在這時也非常重要。

超越分析的敏捷性

只要能夠取得任何一點關於需求的數據，就能依此修正預測[152]，並調整供應鏈。就如同第1章的1-3也稍微介紹過的，我稱之為敏捷預測。而以下兩種速度感就是敏捷預測中的重要概念：

1. 即早察覺市場變化。
2. 迅速地分析數據並更新需求預測。

在不確定性高的環境下，像這種需求預測的敏捷性，將創造出超越事前精密分析的價值。

舉例來說，在疫情期間，夏天也推出護手霜的方案或許獲得廣泛接受，這時就能迅速增產。相反地，如果銷售情況不佳，則必須分析其原因。

這時可以分析顧客的反應，因此想必能夠遠比推出前更正確地掌握顧客心理。根據顧客的反應思考，是該重新檢視價值的傳達方式，還是即使環境改變，護手霜在夏天的需求量依然較小等，並迅速改變行動方針，依此調整生產、調度及物流。

即使是後者的情況也不算失敗。因為透過在夏季推出護手霜的新行動，能夠獲得競爭對手所沒有的新觀點。舉例來說，或許會出現開發夏季用清爽型凝膠護手霜的方案，或是推出附贈迷你護手霜的乾洗手作為促銷活動，鼓勵消費者總之先一起用用看等。在不確定性高的環境中，這種敏捷的試錯能夠創造出競爭力，而這就是意義建構理論的概念。

這樣的方法也可以解釋為對市場作用。這不是先調查部分顧客的反應，看起來似乎受歡迎才推出，而是將發想轉換成以新的提案在市場上試水溫，邊觀察反應邊摸索。

正如第 3 章 3-3 所介紹的，部分具有需求預測直覺的人被稱為超級預測者。這是在三名行為經濟學家於二〇一一年主導的計畫[153]中發現[154]的，該計畫的目的是調查「為什麼有部分的人特別擅長預測，又該如何提高預測精確度」。超級預測者當然對數字敏感，但最突出的特徵是具有更新預測的意識。

誠如各位所知，人類往往會留意支持自己想法（預測）的根據而忽視反駁的證據，這被稱為確認偏誤。但是超級預測者也能學習這種偏誤，經常探索新的資訊，並具有藉由分析這些資訊持續修正自己預測的傾向。若以需求預測來說，就是隨時感測市場變化，透過迅速的分析改變假說並更新預測值。

是否能敘述有說服力的故事

當人們聽到需求預測時，難免會在意其精確度，因此往往會將注意力擺在方法與系統的高度化、流程的改革，以及高技能人才的招聘及培養。然而，不只是新產品，在市場變化加快且不確定性增加的情況下，建立即早感知市場和顧客反應的機制，投資提升預測速度的系統，效果反而更好。

因此，培養具備商業知識和想像力、熟知該以什麼樣的數據表現市場變化、並且能夠從數據想像顧客的心理與行為變化的商業專家，就變得至關重要。前面也提過故事的說服力對於敏捷行動的重要性。不熟悉市場與顧客，就說不出這樣的故事。

而故事也應該有個假說，這個假說也必須觀察市場與顧客的反應持續修正。需求預測在這時就能發揮貢獻。模糊的故事需要數字[155]才能產生說服力，而這個數字就來自適當掌握市場變化的需求預測。

大家一直以來都認為負責需求預測的商業人士需要：

1. 需求相關數據的所有權
2. 需求預測的說明責任
3. 與需求預測有關的利害關係人的信賴感

在這裡所說的數據所有權，指的不是企業內部的系統管理，而是有能力賦予市場與顧客心理變化的監測數據定義，並提出一個隨時都能分析這些數據的環境。

為了提高預測值的說明責任，固然必須熟知預測方法，但更重要的是理解利害關係人的任務。必須根據對方的任務，思考能透過需求預測提供什麼樣的價值，並依此解說預測值。

持續這樣的作法，就能獲得行銷、業務、財務與高階管理人等各個利害關係人的信賴。一旦得到信賴，後續重新評估以需求預測為起點的 SCM 及行銷行動等的工程就能加快速度。

過去提到創造需求，很容易就會聯想到行銷中的商品開發與傳達商品價值的宣傳活動。但市場變得全球化，消費者的喜好也變得多樣化，在這種不確定性高的環境下，與其花過多時間在調查與分析，還不如運用新技術，提高感測與解釋數據的速度，依此敏捷地

圖 4-7 從預測需求到創造需求

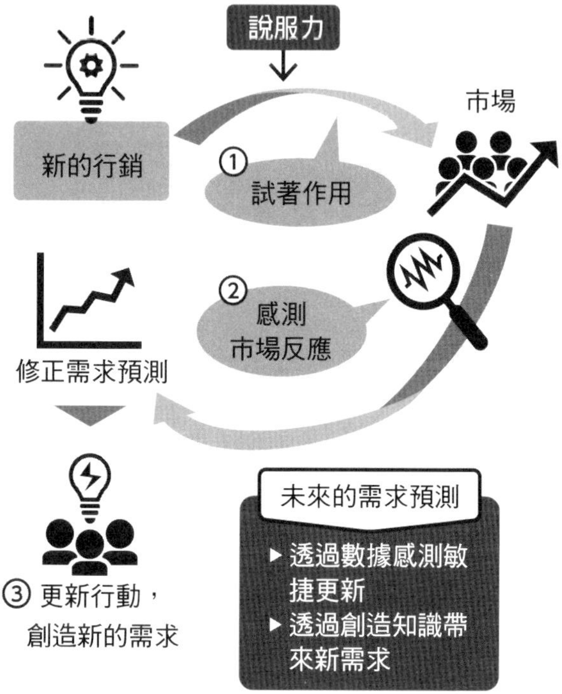

調整行動，更能夠產生競爭力。

換言之，未來的需求預測必須具備的是，從預測所需的數據感測提出方案，迅速更新多種情境的範圍預測，並依此創造出新需求的意識（圖4-7）。

希望大家也能提升需求預測的技能，藉由獲得利害關係人的信賴，引領新需求的創造。

第4章重點

- 解說庫存的書籍與網站雖多，介紹如何擬訂庫存計畫的卻極少。
- 從協助擴大營收及利潤的觀點計畫庫存，而非從減少成本的觀點，就能成為競爭力。
- 透過 ID-POS 等數據感測更加鎖定每一位顧客的資訊，就能提高需求預測的精確度，朝著行銷投資的最佳化邁進。
- 除了預測需求的規模與數量，如果還能根據機率進行預測，行銷分析的範圍就能更加擴大。
- 預測能夠改變人們的行動，甚至有可能改變未來。
- 在不確定性高的環境下，即早掌握市場反應、迅速改變行動能夠成為競爭力，而需求預測就是其驅動力。

結語 Forecasting ERRA 的黎明

本書原本只打算將連載於機構雜誌《LOGISTICS SYSTEMS》[156]的專欄「透過知識融合想像需求預測的創新」加入最新見解整理成冊。

然而，在不斷地獲取新知並精進思考的情況下，最後內容幾乎完全翻新。需求預測就像這樣，幾乎每天都會出現使其更加進化的新提示。

這個專欄的主題，就是透過將需求預測不同領域的知識結合，自由地思考創新方案。不只是原本就會與需求預測一起討論統計學，也會融合關注人類決策與推論機制的認知科學及行為經濟學，並從著眼於組織表現的經營理論深化考察。

除此之外，也會從需求預測以外的事業領域的案例獲得提示，譬如行銷與物流。

本書最想要傳達的訊息是，在高度不確定的商業環境中，需求預測能夠帶來競爭力，而這是所有職種與階層的商業人士都能學習的技能。

本書所指的需求預測技能，不是傳統那種調查或數據分析，而是能夠從需求相關的數據感知，到根據預測結果解讀並做出避險提案的技能。

這項技能的前提是對於自家公司的市場與顧客的深入理解，雖然可期待各家公司的商業專家大顯身手，但也不能只憑商場經驗歸納，還必須留意從學術見解推導出的演繹性結論。

此外，也不能像過去那樣只專注於預測精確度，透過數據感測與敏捷促進需求創造的發想轉換也至關重要。關鍵字是 **Forecasting** ERRA[157]，需求預測的新時代。這是本書所提倡的，四種需求預測的新概念的字首（左頁圖）。

Edge Forecasting：針對更仔細的市場區分進行敏捷的需求預測。

Reverse Forecasting：根據與市場及顧客有關的知識解釋 AI 的需求預測。

Range Forecasting：根據因果模型及多種模型，建立多種不同情境的廣泛場景需求預測。

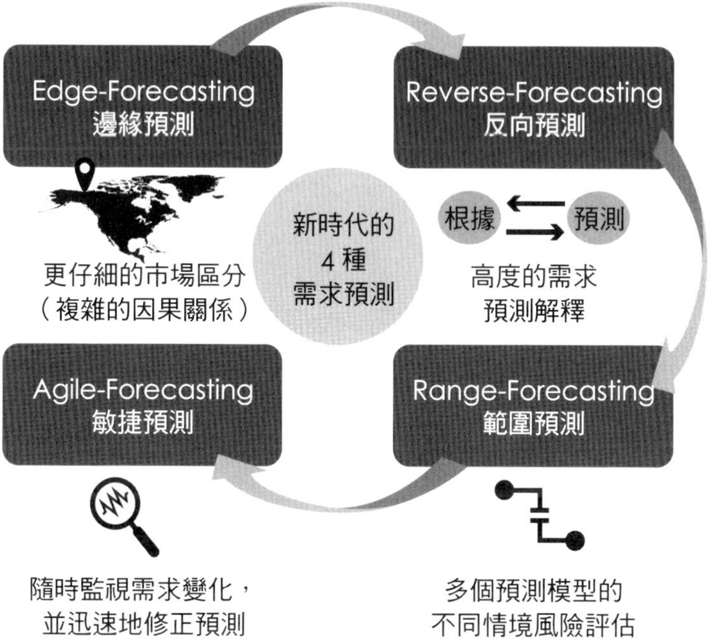

Agile Forecasting：即早察覺需求變化，迅速且持續修正的需求預測。

我想這種環境不確定性增加的感覺，在過去其實也是一樣的。當大眾行銷剛引進日本時，也配合日本市場創造出各種促銷活動，而市場的反應一開始想必也難以預測。

或許只是因為了解市場歷史，才使得當時的不確定性看起來很低（這也是本書中介紹的後見之明偏誤）。

換句話說，我們不知道市場的不確定性是否正在增加，但未來想必也會維持高度的不確定性吧？因此隨時廣泛學習新知，持續與自身的專業領域結合，並創造出新的想法，將成為競爭力的來源。

正如同讀到這裡的讀者所感覺到的，我是個需求預測迷。自從二〇一〇年參與預測以來，未曾有不思考需求預測的一天。看到政府預算的新聞報導時，我會想著這裡面應該有根據時間序列模型預測的項目，以及用因果模型模擬的項目吧？當各國與醫療業界接二連三針對疫情採取新措施時，也會想像著確診人數的預測模型，應該有必要敏捷地持續更新。

如果對自己的專業領域豎起天線，對任何事物都會留心。不只在實務面，公司外部的研討會、書籍（有時甚至包括小說）、與其他業界的實務家交換意見、每天的新聞等，都隱藏了許多創新的提示。而只有各位讀者本人，才能賦予這些提示獨特的價值。

將這些提示與自身的專業知識結合，深入思考、發表見解，並接受他人的建議，進而在實務當中實踐，這樣的循環將會帶來創新。這也是基於敏捷行動與感測反映的思維更新，正可說是意義建構理論的實踐。

雖然本書的主題是需求預測，但也請務必懷抱著意義建構理論的意識，將各位的專業領域與不同領域的知識自由結合。當大家的默會知識能夠以各種形式結合，轉變為形式知識回饋給世界，對筆者而言就是莫大的喜悅。

山口雄大

謝辭

在此要感謝株式會社PHP研究所的大隅元總編輯，他感受到需求預測的可能性，並推動本書的出版。因為有大隅先生所想到的各章開頭案例，讓這本書除了需求規劃師之外，其他職種的人士也容易入門。萬分感謝。

ONDE A TERRA SE ACABA E O MAR COMECA

「這裡是陸地的終點，海洋的起點」

——詩人　路易・德・卡蒙斯

前言

1 展望 2022 関西（下）定期列車減「臨時」で柔軟に コロナ前の 9 割定常へ：日本経済新聞（nikkei.com）

2 補正で膨張、無駄招く：日本経済新聞（nikkei.com）

3 国土交通省観光庁・訪日旅行促進事業（訪日プロモーション）https://www.mlit.go.jp/kankocho/shisaku/kokusai/vjc.html（參考 2021-12-08）

4 外務省・JAPAN SDGs Action Platform. https://www.mofa.go.jp/mofaj/gaiko/oda/sdgs/about/index.htm（參考 2021-12-08）

5 山口雄大《新版この１冊ですべてわかる需要予測の基本》第８章〈需要予測 AI〉。日本実業出版社。2021

6 Eric Wilson. "Preparing for Demand Planning in 2025". Journal of Business Forecasting, Winter 2017-2018, P.16-19.

7 第二名是分析的高度化（Advanced Analytics），第三名是動態模擬

8 金子農相、牛乳の消費拡大呼びかけ 5000 トン廃棄の懸念 : 日本経済新聞 (nikkei.com)

9 J ミルク、生乳廃棄回避と発表 : 日本経済新聞 (nikkei.com)

第 1 章

10 供應鏈：根據工程管理觀點設計出來的資訊、物品、資金流通全球網路，應用於從原料到抵達終端顧客的商品及服務的配送。（APICS。第 15 版サプライチェーンマネジメント辞典　APICS ディクショナリー対訳版。2018）

11 Research and Development

12 管理將輸入轉換成完成品或服務的活動計畫方案與日程計畫方案（APICS。第 15 版サプライチェーンマネジメント辞典 APICS ディクショナリー対訳版。2018）

13 山口雄大《新版この１冊ですべてわかる需要予測の基本》第１章〈需要予測でつながるサプライチェーン〉。日本実業出版社。2021

14 提供經營者融合行銷計畫與供應鏈管理，以確立持續性競爭優勢的戰略性事業推進能力（APICS。第 15 版サプライチェーンマネジメント辞典 APICS ディクショナリー対訳版。2018）

15 Chaman L. Jain. Do Companies Really Benefit from S&OP? Research Report 15. Institute of Business Forecasting & Planning.2016.

16 Karthik Krishnan. “How to Start an Effective S&OP Process”. Journal of Business Forecasting, Summer 2020, P.5-7,15.

17 山口雄大《需要予測の戦略的活用》第３章〈需要予測でつながるサプライチェーン〉。日本評論社。2021

18 Moon, Mark A. Demand and Supply Integration: The Key toWorld-Class Demand Forecasting, Second Edition, DEG Press, 2018.

19 Daniel Fitzpatrick. “Demand Planning Culture: Building an Environment Where Demand Planners Can Succeed. Journal of Business Forecasting, Fall 2020, p.19-21.

20 Yudai Yamaguchi, AkieIriyama. “Improving Forecast Accuracy for New Products with Heuristic Models.”. Journal of Business Forecasting, 2021 Fall Vol.40 Issue 3 p.28-30. Institute of Business Forecasting & Planning.

21 山口雄大《需要予測の戦略的活用》。日本評論社。2021

22 GEORGE E. P. BOX, GWILYM M. JENKINS, GREGORY C.REINSEL. Time Series Analysis Forecasting and Control FOURTH EDITION. A JOHN WILEY & SONS, INC., PUBLICATION, 2008.

23 Kahn, Kenneth B. The PDMA Handbook of New Product Development, John Wiley & Sons, Incorporated, 2012.

24 Gerard P. Hodgkinson, Eugene Sadler-Smith. The dynamicsof intuition and analysis in managerial and organizational decision making. Academy of Management Perspectives, 32, 473-492. 2018.

25 Jay Barney. Firm Resources and Sustained CompetitiveAdvantage. Journal of Management 1991, Vol.17, No.1, 99-120.

26 永田洋幸・今村修一郎〈AI を小売・流通の現場に実装する方法〉Diamond Harvard Business Review, September 2021, p.67-77.

27 Chaman L, Jain. “Benchmarking Forecast Errors”. Instituteof Business Forecasting & Planning, Research Report 13.2014.

28 Mean Absolute Percentage Error：平均絕對誤差，誤差率不會正負互相抵銷，因此適合測定預測精確度。在多數情況下，會以營收加權平均

29 特定期間的誤差合計

30 Root Mean Squared Deviation

31 將上個月的銷售成績作為之後的預測值（也稱為天真預測法）

32 Mean Absolute Squared Error

33 Mean Absolute Deviation

34 Bias/MAD

35 山口雄大《新版この１冊ですべてわかる需要予測の基本》第５章〈精度ドリブンの需要予測マネジメント〉。日本実業出版社。2021

36 Bogusz Dworak. “Case Study: How a Global Manufacturer Quickly Regained Forecast Accuracy after COVID-19”. Journalof Business Forecasting, Summer 2021, P.14-16.

37 Robert G. Brown, Richard F. Meyer and D. A. D'Esopo. “The Fundamental Theorem of Exponential Smoothing”. Operations Research, Vol. 9, No. 5（Sep. - Oct. 1961）, pp. 673-687.

38　Winters, Peter R. “FORECASTING SALES BY EXPONENTIALLY WEIGHTED MOVING AVERAGES”. Management Science; Apr 1960; 6, 3; ABI/INFORM Collection, pg. 324.

39　現實數據除了這些之外，也包含稱為雜訊的隨機變動，以數字解釋這些特徵並不容易，必須使用指數平滑法等

40　CEO（Chief Executive Officer）或 CFO（Chief Finance Officer）等，冠上「Chief」的高階管理階層

41　Daniel Fitzpatrick. “The Myth of Consensus-Replacing the One-Number Forecast with a Collaborative Process Forecast”. Journal of Business Forecasting, Summer 2020, P.16-17,20.

42　整理多人的預測值與各自的根據，透過匿名公開更新各自的預測值，再重複這樣的流程。透過這樣的手法，預測值最後具有收斂在一定程度範圍的傾向。不過也有人指出，這個方法的缺點就是花時間

43　アジェイ・アグラワル & ジョシェア・ガンズ & アビィ・ゴールドファーブ〈「予測」の力で競争優位を持続する方法〉。Diamond Harvard Business Review, December 2020, p.82-91.

44　透過直播介紹商品的使用方法與魅力，並當場販賣的行銷宣傳手法。在中國的「光棍節」，知名直播主光是在預約第一天，就能創造 3 千億日圓的銷售額，是主要的行銷宣傳手法（中野好純〈流通総額 17 兆円を突破した「中国独身の日」から読み解く中国 EC 市場〉。LOGISTICS SYSTEMS Vol.31、2022 新年号、p.32-34. 日本ロジスティクスシステム協会）

45　キャシー・コジルコフ “グーグルのデータサイエンティストが語る危機に強い組織はアナリティクスに投資する”。Diamond Harvard Business Review, February 2021, p.78-81.

46　經歷引起超乎想像的結果後，回歸平衡狀態的能力（APICS。第 15 版サプライチェーンマネジメント辞典　APICS ディクショナリー対訳版。2018）

47 ウィリー C. シー〈リスクを洗い出し、レジリエンスを高める危機に強いサプライチェーンを築く法〉。Diamond Harvard Business Review, December 2020, p.20 28.

第 2 章

48 Simon, H. A. "Rational choice and the structure of the environment".Psychological Review, 63, p.129-138. 1955.

49 A. Tversky, D. Kahneman. "Judgement under Uncertainty:Heuristics and Biases".Science, 185, p.1124-1131. 1974.

50 ダニエル・カーネマン＆オリヴィエ・シボニー＆キャス・サンスティーン。《NOISE 組織はなぜ判断を誤るのか？上》。早川書房。2021

51 山口雄大《品切れ、過剰在庫を防ぐ技術実践・ビジネス需要予測》。光文社新書。2018

52 Demand Forecasting：特定の製品、部品、サービスに対する需要を予測すること（APICS。第 15 版 サプライチェーンマネジメント辞典 APICS ディクショナリー対訳版。2018）

53 Demand Planning：結合統計性的預測與判斷，預測產品與服務需求的過程，涵蓋範圍從供應商的原料到消費者需求的整體供應鏈。APICS Dictionary 日文版翻譯為「需求計畫」（譯注：台灣通常翻譯為「需求規劃」）（APICS。第 15 版サプライチェーンマネジメント辞典 APICS ディクショナリー対訳版。2018）

54 ダニエル・カーネマン＆オリヴィエ・シボニー＆キャス・サンスティーン《NOISE 組織はなぜ判断を誤るのか？上》早川書房。2021

55 D. Kahneman, A. Tversky. "Prospect Theory", Econometrica, Vol.47, No.2（Mar, 1979）, pp.263-292.

56 冷靜進行需求預測，並評估因不斷缺貨造成的信用風險與多餘庫存累積造成的經營風險，例如可透過需求計畫或敏捷的供應鏈修正處理

57 Evans, J. St. B. T. “Heuristic and analytic processes in reasoning”. British Journal of Psychology, 75, p.451-468. 1984.

58 Gerard P. Hodgkinson, Eugene Sadler-Smith. “The dynamicsof intuition and analysis in managerial and organizational decision making”. Academy of Management Perspectives, 32, p.473-492. 2018.

59 A. Tversky, D. Kahneman. “Judgement under Uncertainty:Heuristics and Biases”.Science, 185, p.1124-1131. 1974.

60 「暴言を吐く AI」「差別する AI」なぜ生まれるのか？東洋経済オンライン（toyokeizai.net）

61 能夠透過行為經濟學的見解證明。雜訊是預測誤差的主因之一，而這個方法滿足降低雜訊的原則：①引進統計的觀點、②將預測結構化，並分解成獨立的判斷、③使用相對使度。（ダニエル・カーネマン＆オリヴィエ・シボニー＆キャス・サンスティーン《NOISE 組織はなぜ判断を誤るのか？下》第 6 部。早川書房。2021）

62 Yudai Yamaguchi, AkieIriyama. “Improving Forecast Accuracy for New Products with Heuristic Models.”. Journal of Business Forecasting, 2021 Fall Vol.40 Issue 3 p.28-30.Institute of Business Forecasting & Planning.

63 ドナルド・トンプソン、千葉敏生訳《普通の人たちを予言者に変える「予測市場」という新戦略》ダイヤモンド社。2013

64 Chaman L. Jain. “Benchmarking New Product Forecasting and Planning”. RESEARCH REPORT 17.Institute of Business Forecasting & Planning.2017.

65 如果學習資料的數量充分，通常不需要留意內生性、多重共線性、異質變異性等多元回歸模型。但若是能夠考慮到這些，即使 AI 也有很高的機會能夠提升預測精確度

66 Felix Wick, Ulrich Kerzel, Michael Feindt. “Cyclic Boosting– an explainable supervised machine learning algorithm”.

67 Carlos Madruga, Tina Starr and Josh Stewart. “Reducing Forecast Bias-the 4 Levers of Bias-Resistant Demand Planning”. Journal of Business Forecasting, Fall 2020, P.12-14.

68 山口雄大〈新製品の発売前需要予測における AI とプロフェッショナルの協同〉。《LOGISTICS SYSTEMS》Vol.30、2021 秋号、p.36-43.

69 表揚制度：物流大獎公益社團法人日本物流系統協會（logistics.or.jp）

70 資生堂ジャパン株式会社山口雄大氏 DataRobot AI ヒーロー

71 小林俊〈需要予測 ×AI チューニングで発注を自動化〉月刊ロジスティクス・ビジネス、August 2021、p.34-37。ライノス・パブリケーションズ

72 Daniel Fitzpatrick. “No, AI isn’t Coming for Your Demand Planning Job”. Journal of Business Forecasting, 2021 Fall, p.12-13,32.

73 Samuel B. Bacharach. “Some Criteria for Evaluation”. The Academy of Management Review, Vol. 14, No. 4（Oct., 1989）,pp. 496-515.

74 アジェイ・アグラワル＆ジョシェア・ガンズ＆アビィ・ゴールドファーブ〈「予測」の力で競争優位を持続する方法〉Diamond Harvard Business Review, December 2020, p.82-91.

75 Linda Argote, Ella Miron-Spektor. Organizational Learning:From Experience to Knowledge. Organization Science Vol.22, No.5, September-October 2011, pp.1123-1137.

76 野中郁次郎〈時代が変わってもマネジメントの本質は変わらない身体知こそイノベーションの源泉である〉Diamond Harvard Business Review, March 2021, p.60-69.

77 SOLE - The International Society of Logistics

78 SOLE 日本支部〈「現場志向の３段階 DX」とその実現に関する考察〉月刊ロジスティクス・ビジネス、January 2022、p.102-105. ライノス・パブリケーションズ

79 羽生善治《人工知能の核心》NHK 出版新書。2017

80 Carl Benedikt Frey, Michael A. Osborne. “THE FUTUREOF EMPLOYMENT: HOW SUSCEPTIBLE ARE JOBS TO COMPUTERISATION?”. Technological Forecasting and Social Change, 2017, vol. 114, issue C, p.254-280. 2017.

81 《需要予測の戦略的活用》の著者山口雄大氏と考える 2030 年の需要予測業務〜食品メーカーが今、考えておくべき事〜：イベント・セミナー　NEC

82 Collaborative Planning, Forecasting and Replenishment：「為了使供應鏈的交易對象，能夠從原料的製造配送，到終端商品的製造配送等主要供應鏈活動一起計畫的協調處理……（後略）」（APICS《第 15 版サプライチェーンマネジメント辞典　APICS ディクショナリー対訳版》生産性出版。2018）

83 由 Voluntary Interindustry Commerce Standards Association 定義

84 Chaman L, Jain. "The Impact of People and Process on Forecast Error in S&OP".Research Repot 18.Institute of Business Forecasting and Planning. 2018.

85 Edge Forecasting

86 小島健輔〈アパレル流通を再生するサプライ革命〉月刊ロジスティクス・ビジネス、January 2022, p.40-45. ライノス・パブリケーションズ

87 永田洋幸・今村修一郎〈AI を小売・流通の現場に実装する方法〉Diamond Harvard Business Review, September 2021, p.67-77
88 永島正康《グローバル・サプライチェーンにおける新しい製販協働のかたち》丸善プラネット。2021

第 3 章

89 入山章栄《世界標準の経営理論》第 12 章。ダイヤモンド社。2019
90 March, J.G. "Exploration and exploitation in organization all earning". Organization science, Vol.2, pp.71-81. 1991.
91 KATHLEEN M. EISENHARDT. "Agency Theory: An Assessment and Review".Academy of Management Review, 1989, Vol. 14, No. 1, p.57-74.
92 Samuel B. Bacharach. "Some Criteria for Evaluation". The Academy of Management Review, Vol. 14, No. 4, pp.496-515.1989.
93 Jim Ackerman. "Practical Methods to Earn the Trust of Sales & Improve Forecasting Inputs". Journal of Business Forecasting, Spring 2021, P.32-34.
94 疫情影響下的需求預測必須重視「速度」更勝於「精確度」日本実業出版社（njg.co.jp）
95 Ann Vereecke, Karlien Vanderheyden, Philippe Baeckeand Tom Van Steendam. Mind the gap–Assessing maturity of demand planning, a cornerstone of S&OP. International Journal of Operations & Production Management, Vol. 38 No.8, pp. 1618-1639. 2018.

96 Hogarth, Robin M; Makridakis, Spyros. FORECASTINGAND PLANNING: AN EVALUATION. Management Science27, 2; ABI/INFORM Collection pg. 115. 1981.

97 G. Sankaran et al. "Improving Forecasts with Integrated Business Planning, Management for Professionals". Springer Nature Switzerland AG. 2019.

98 YCP Solidiance アジアに注力するアドバイザリー・ファーム

99 需求預測的作業成熟度簡易診斷從①數據②方法③系統④管理⑤團隊⑥技能的觀點進行評分（questant.jp）

100 需要予測の基本セミナー 202107.indd（logistics.or.jp）

101 需要予測研究会 PowerPoint（logistics.or.jp）

102 Mean Absolute Percentage Error：平均絕對預測誤差，誤差率不會正負抵銷，因此適合衡量預測精確度。多數情況下會以營收加權平均

103 以 Bias 除以 MAD（Mean Absolute Deviation）的指標，對市場變化及需求預測的偏誤提出警告（APICS."CPIM PART1 VERSION6.0". APICS. 2018.）

104 Mean Absolute Scaled Error（Rob J. Hyndman, Anne B.Koehler, J. Keith Ord and Ralph D. Snyder. "Forecasting with Exponential Smoothing the State Space Approach".Springer.2008.）

105 山口雄大《新版この１冊ですべてわかる需要予測の基本》第５章〈精度ドリブンの需要予測マネジメント〉。日本実業出版社。2021

106 Geman. S, Bienenstock. E, Doursat. R. "Neural network sand the bias/variance dilemma". Neural Computation, 4（1）:p.1–58. 1992.

107 ダニエル・カーネマン＆オリヴィエ・シボニー＆キャス・サンスティーン《NOISE 組織はなぜ判断を誤るのか？上》早川書房。2021

108 Geman. S, Bienenstock. E, Doursat. R.“Neural network sand the bias/variance dilemma”. Neural Computation, 4（1）:p.1–58. 1992.

109 Henry Brighton, GerdGigerenzer.“The bias bias”. Journalof Business Research 68（2015）p.1772-1784.

110 Shenghua Luan, Jochen Reb, Gerd Gigerenzer.“Ecological Rationality: Fast-and-Frugal Heuristics for Managerial Decision Making under Uncertainty”.Academy of Management Journal. 2018.

111 ダニエル・カーネマン & オリヴィエ・シボニー & キャス・サンスティーン《NOISE 組織はなぜ判断を誤るのか？下》早川書房。2021

112 フィリップ・E・テトロック、ダン・ガードナー、土方奈美訳《超予測力——不確実な時代の先を読む 10 カ条》早川書房。2018

113 オペレーションズ・リサーチとは公益社団法人日本オペレーションズ・リサーチ学会（orsj.or.jp）

114 Yoram Wind, Thomas L. Saaty.“Marketing Applicationsof the Analytic Hierarchy Process”. MANAGEMENT SCIENCE, Vol.26, No.7.July. 1980.

115 八巻直一・高井英造《問題解決のための AHP 入門—— Excel の活用と実務的例題》日本評論社。2005

116 Institute of Business Forecasting | IBF.org | IBF

117 Yudai Yamaguchi, AkieIriyama. “Improving Forecast Accuracy for New Products with Heuristic Models”. Journal of Business Forecasting, 2021 Fall Vol40 Issue 3 p.28-30.Institute of Business Forecasting & Planning.

118 山口雄大《需要予測の戦略的活用》第 14 章〈プロフェッショナルの直感予測〉。日本評論社。2021

119 根據變動係數評分。變動係數由新商品的需求預測值與其標準偏差值計算而來，而這兩個數值則可透過新商品以外的比較對象商品分別計算。這個分數能夠以包含消費者心理在內的市場誤判程度解釋，因此命名為「市場敏感度偏誤」

120 預測者之間若在預測時溝通，容易受團體中的極端意見影響，這就是大家所知的「群體極化」現象

第 4 章

121 Mark Lawless. “Understanding the Impact of Demand Planning on Financial Performance”. Journal of Business Forecasting, Fall 2021, p.30-32.

122 半導体不足、断たれた供給網〈混迷 2021〉：日本経済新聞（nikkei.com）

123 Return on Equity：股東權益報酬率

124 Return on Investment Capital：資本報酬率（マッキンゼー・アンド・カンパニー《企業価値評価バリュエーションの理論と実践第６版》ダイヤモンド社。2016）

125 Days of Supply：庫存天數１）手邊庫存的評估指標，將庫存數量轉換成庫存消耗完畢的期間所計算出的值。…後略…（APICS。第 15 版サプライチェーンマネジメント辞典　APICS ディクショナリー対訳版。2018）

126 Statistic Safety Stock ＝安全係數 × 需求或誤差的標準差 × √生產・訂貨的前置時間。安全係數取決於提供的服務水準目標，與交貨率（1-缺貨率）有關。

127 需求與預測誤差會變成常態分布

128 Minimum Order Quantality：最低訂購量

129 Chaman L. Jain.“Fundamentals of Demand Planning &Forecasting”. P.233 “WHAT-IF SCENARIOS”.Graceway Publishing Company, Inc. 2020.

130 預測誤差的特徵，可透過 MAPE 與 Bias 數值化。APICS 對 Bias 的定義是一項商品在特定期間的誤差合計，但這裡將期間調整為多項商品的誤差合計。這時 Bias 所代表的意義，就變成預測誤差造成的庫存增減。各位或許會覺得就算 MAPE 較高，只要 Bias 是 0，庫存就不會增加，但實際上並無法持續。需求超出預期使得庫存減少的商品會缺貨，導致銷售量縮小，因此 Bias 就會往正向變大。筆者針對超過數十個品牌分析 MAPE 與 Bias 的關係性，結果證實了依商品區分，以數個月後為目標的 MAPE 若超過 30～35%，Bias 就不可能小於 20%。此外，也有 MAPE 愈大，Bias 也愈大的傾向

131 イトーヨーカ堂、ネットスーパーの配送料に「ダイナミックプライシング」導入 LOGI-BIZ online ロジスティクス・物流業界ニュースマガジン

132 サッカー新スタジアム、値上げで楽しさアップ：日本経済新聞（nikkei.com）

133 Customer Relationship Management

134 オイシックス・ラ・大地の奥谷孝司氏が選ぶ、オムニチャネル戦略への理解を深めた3つの論文［論文セレクション］おすすめの論文、教えてください（1/1）DIAMOND ハーバード・ビジネス・レビュー（dhbr.net）

135 Chaman L. Jain.“Fundamentals of Demand Planning &Forecasting”. P.233 “WHAT-IF SCENARIOS”.Graceway Publishing Company, Inc. 2020.

136 ダニエル・カーネマン & オリヴィエ・シボニー & キャス・サンスティーン《NOISE 組織はなぜ判断を誤るのか？上》早川書房

137　肌色診断でメイクレベル UP ！イエベ・ブルベのパーソナルカラー似合わせメイク美的 .com（biteki.com）

138　必須根據能夠取得 ID-POS 資料的顧客，擴大推算無法取得的消費者的資料。但推測的顧客數變多，誤差也會變大，必須注意。

139　マーティン・リーブス , ボブ・グッドソン , ケビン・ウィタカー〈競争優位を生み出すアノマリーの力イノベーションの「兆し」を見つけ出す方法〉。Diamond Harvard Business Review, January2022, P.26-35.

140　Return on Marketing Investment：マーク・ジェフリー《データ・ドリブン・マーケティング》ダイヤモンド社。2017

141　西山茂《「専門家」以外の人のための決算書＆ファイナンスの教科書》東洋経済新報社。2019

142　山口雄大《需要予測の戦略的活用》第 8 章〈新製品の需要予測〉日本評論社。2021

143　Hartmut Stadtler, Christoph Kilger, Herbert Meyr.“Supply Chain Management and Advenced Planning. Concepts, Models, Software, and Case Studies, 5th Edition”. Springer.2015.

144　Chaman L. Jain.“The Role of Artificial Intelligence in Demand Planning”. Journal of Business Forecasting, Summer 2021, P.9-13,16.

145　スティーヴン・ストロガッツ、蔵本由紀監修、長尾力訳《SYNC なぜ自然はシンクロしたがるのか》早川書房。2005

146　ユヴァル・ノア・ハラリ《サピエンス全史　下巻》P.47。河出書房新社。2016

147　Chaman L. Jain. Fundamentals of Demand Planning &Forecasting”. P.20 “Forecast is not a goal, not abudget, and not a plan.” Graceway Publishing Company, Inc. 2020.

148 商品數量多的企業，事業計畫有時不是以商品為單位，而是根據需求預測來預先準備可能會滯銷的商品的庫存。這將使利潤減少，因此當事業計畫與以商品為單位的需求預測大幅背離時，利潤就有可能看起來較高或較低。

149 Patrick Bower.“Forecasting New Products in Consumer Goods”. Journal of Business Forecasting, Winter 2012-2013, P.4-7.

150 Karl E. Weick, Kathleen M. Sutcliffe, David Obstfeld. Organizing and the Process of Sensemaking. Organization Science.16（4）:409-421. 2005.

151 譬如以高價位護手霜的淡季市場規模（統計觀點）為基礎，考量預測的高級品牌的品牌力、配送計畫、行銷投資規模，分析乾洗手的市場規模變化，同時參考短期的市占率目標預測需求等。

152 山口雄大《需要予測の戦略的活用》第９章〈発売直後の需要予測〉。日本評論社。2021

153 GJP: Good Judgement Project

154 ポール J. H. シューメーカー、フィリップ E. テトロック「不確実な時代における競争優位の源泉超予測力：未来が見える組織」Diamond Harvard Business Review, January 2017, P.39-48.

155 ジョン・L・ヘネシー《スタンフォード大学名誉学長が教える本物のリーダーが大切にすること》第８章。ダイヤモンド社。2020

結語

156 日本物流系統協會每季發行

157 era: 1（the ～）（歷史、政治上的）時代。era 也意味著有以重大事件為開端所開創的新時代。（後略）（プログレッシブ英和中辞典 第４版）

國家圖書館出版品預行編目資料

驚人的AI需求預測：從庫存控管、新品開發到找出商機,用AI精確預測提升銷售的13個方法/山口雄大著；林詠純譯. -- 初版. -- 臺北市：商周出版：英屬蓋曼群島商家庭傳媒股份有限公司城邦分公司發行, 2023.07
　面；14.8×21公分
譯自：すごい需要予測：不確実な時代にモノを売り切る13の方法
ISBN 978-626-318-744-3(平裝)

1.CST: 銷售管理 2.CST: 商情預測 3.CST: 人工智慧

496.52　　112009018

BW0825

驚人的 AI 需求預測

從庫存控管、新品開發到找出商機，用AI精確預測提升銷售的13個方法

原文書名／すごい需要予測 不確実な時代にモノを売り切る 13 の方法
作　　者／山口雄大
譯　　者／林詠純
選書企劃／黃鈺雯
編輯協力／徐惠蓉
責任編輯／劉羽苓
版　　權／吳亭儀、林易萱、顏慧儀
行銷業務／周佑潔、林秀津、賴正祐

總　編　輯／陳美靜
總　經　理／彭之琬
事業群總經理／黃淑貞
發　行　人／何飛鵬
法律顧問／臺英國際商務法律事務所　羅明通律師
出　　版／商周出版
臺北市 104 民生東路二段 141 號 9 樓
電話：(02) 2500-7008　傳真：(02) 2500-7759
E-mail: bwp.service @ cite.com.tw
發　　行／英屬蓋曼群島商家庭傳媒股份有限公司　城邦分公司
臺北市 104 民生東路二段 141 號 2 樓
讀者服務專線：0800-020-299　24 小時傳真服務：(02) 2517-0999
讀者服務信箱 E-mail: cs@cite.com.tw
劃撥帳號：19833503　戶名：英屬蓋曼群島商家庭傳媒股份有限公司城邦分公司 書虫股份
訂購服務／有限公司客服專線：(02) 2500-7718；2500-7719
服務時間：週一至週五上午 09:30-12:00；下午 13:30-17:00
24 小時傳真專線：(02) 2500-1990；2500-1991
劃撥帳號：19863813　戶名：書虫股份有限公司
E-mail: service@readingclub.com.tw
香港發行所／城邦（香港）出版集團有限公司
香港灣仔駱克道 193 號東超商業中心 1 樓
E-mail: hkcite@biznetvigator.com
電話：(852) 2508-6231　傳真：(852) 2578-9337
馬新發行所／城邦（馬新）出版集團
Cite (M) Sdn. Bhd.
41, Jalan Radin Anum, Bandar Baru Sri Petaling, 57000 Kuala Lumpur, Malaysia.
電話：(603) 9057-8822　傳真：(603) 9057-6622　E-mail: cite@cite.com.my
封面設計／黃宏穎
美術編輯／李京蓉
製版印刷／韋懋實業有限公司
經　銷　商／聯合發行股份有限公司
新北市 231 新店區寶橋路 235 巷 6 弄 6 號 2 樓
電話：(02) 2917-8022　傳真：(02) 2911-0053

■2023 年 7 月 6 日初版 1 刷　　Printed in Taiwan

定價 400 元　　版權所有・翻印必究
ISBN: 978-626-318-744-3（紙本）　ISBN：9786263187641（EPUB）

城邦讀書花園
www.cite.com.tw